예성맘의
오가닉 밥상

21세기북스

안녕하세요. 예성맘 김은주입니다.

예성이가 두 돌이 되기 전 2006년 2월 『예성맘의 우리아이 10년 밥상』이 출간되고, 2년 후인 2008년 11월 예성이가 유치원에 다닐 무렵 『예성맘의 우리아이 평생 밥상』이 나온 후 4년 만에 『예성맘의 오가닉 밥상』이 드디어 모습을 보이게 되었습니다.

첫 책인 『예성맘의 우리아이 10년 밥상』을 만들 때만 해도 초보 엄마였던 저는, 예성이가 건강하게 자라길 바라는 마음으로 열심히 만들어 먹였던 이유식과 유아식들을 밤을 새가며 직접 찍으면서 작업했던 기억이 납니다. 그 결과 여러분의 과분한 사랑을 받은 점 지면으로나마 감사드립니다.

예성이가 유치원과 초등학교에 다니면서 단체생활을 하다 보니 감기가 유행하면 옮아오는 일이 종종 생기더라고요. 어릴 때부터 아토피로 고생했던지라 식습관에 더욱 신경을 썼고, 그 결과 식습관을 통한 면역력의 중요성을 깨닫게 되었습니다. 즉 면역력을 높여야 아토피도 개선되고, 질병의 위험으로부터 예성이를 지킬 수 있다는 사실을 발견하게 된 것이지요. 음식을 통해 면역력을 높이는 가장 좋은 방법은 제철 식재료를 이용하는 것입니다. 다행히도 예성이는 제가 만들어주는 음식을 맛있게 잘 먹어 건강하고 씩씩하게 자라고 있답니다.

앞서 출간된 책들이 영유아기 음식을 다루었다면 이번 책은 좀더 자란 예성이에게 면역력을 높여주기 위해서 차렸던 밥상들을 계절별로 정리하였습니다. 특히 면역력에 도움이 되는 식재료를 계절별로 구분하여 다양한 요리법을 활용한 음식들을 소개했습니다. 책에 소개한 대부분의 식재료는 제철에 구하기 쉬운 재료입니다. 기술의 발달로 요즘에는 제철이 아니더라도 다양한 식재료를 구할 수는 있지만 그래도 제철의 햇빛과 바람을 맞고 자란 식재료가 면역력에 더 좋은 것은 두말할 나위가 없겠지요.

예성이를 키우면서 깨달은 것은 '습관'의 중요성입니다. 음식을 만들 때 어떤 식재료로 어떤 조리법을 사용하면 아이의 면역력을 높일 수 있을까를 고민했고, 예성이가 규칙적이고 건강한 생활 습관을 가질 수 있도록 지도했지요.

우리 아이들에게 생활 속 가장 가까운 주치의는 바로 엄마입니다. 의식주가 이루어지는 가정에서부터 올바른 생활 습관과 식습관을 통해 면역력을 높여준다면 우리 아이들이 더욱더 건강하고 밝게 자라날 수 있을 것입니다.

책 준비 기간이 길어지면서 원고가 많이 늦어졌음에도 참고 기다려주신 북케어 가족 분들께 감사드립니다. 그리고 친구 승희, 경미언니, 책 작업에 도움 주신 많은 분들께도 감사드립니다.

사랑하는 저의 가족에게도 감사하고 무엇보다 부족한 엄마를 많이 사랑해주고 아직도 엄마가 제일 예쓰다며 콩깍지가 벗겨지지 않은 예성이에게 사랑의 마음을 전합니다.

예성이가 친구들에게 엄마를 소개할 때

"우리 엄마는 요리를 참 잘해~"라고 너스레를 떤답니다.

그 말에 힘을 얻어 더 맛있고 건강한 요리를 해주려 노력하게 되지요.

이 책이 부디 아이를 키우는 엄마들에게 조금이라도 도움이 되었으면 하는 바람입니다. 오늘부터 저와 함께 아이의 밥상에 면역력을 듬뿍 담아 주세요.

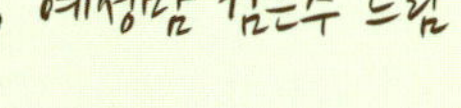

이 책에서 소개한 레시피는 2인 기준입니다.

요리에서 계량은 기본이자 중요한 요소입니다. 책에서는 정확한 계량을 위해서 계량스푼을 사용했어요.
가정에서는 밥숟가락으로 계량하시는 분들이 많기에 여기에서는 밥숟가락으로 보여드립니다.
계량스푼과 밥숟가락을 비교해 두었으니 참고하세요.

1큰술	1밥숟가락 = 15ml
1작은술	1/2밥숟가락 = 5ml
1컵	200ml

가루류

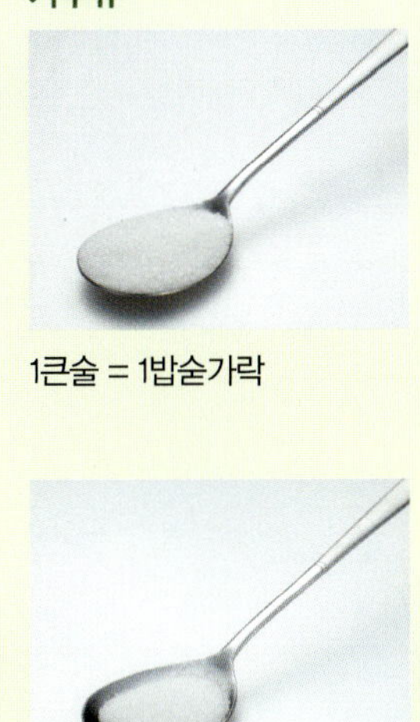

1큰술 = 1밥숟가락

액체류

1큰술 = 1밥숟가락

장류

1큰술 = 1밥숟가락

계량컵 200ml

종이컵 가득

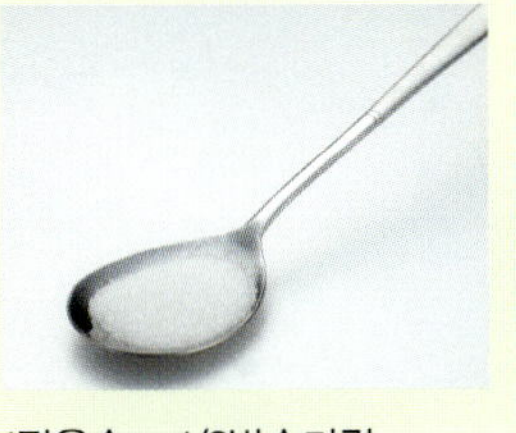

1작은술 = 1/2밥숟가락

1작은술 = 1/2밥숟가락

1작은술 = 1/2밥숟가락

면역력 높이는
오가닉 밥상

01 면역력이란?

면역력이란 바이러스, 알레르기 물질 등 유해한 병원균으로부터 우리 몸을 지키는 자기방어 시스템, 즉 수많은 병원균에 저항하는 힘을 말합니다. 히포크라테스는 '면역은 최고의 의사이며 최고의 치료법이다.'라고 말했습니다. 지금 이 순간에도 우리의 몸속에서는 외부로부터 들어오는 병균에 맞서 전쟁을 치르고 있습니다. 면역력이 약하면 작은 외부 침입에도 몸이 쉽게 아프게 됩니다.

사람은 엄마 뱃속에서 이미 면역 체계가 형성되기 시작합니다. 생후 6개월까지는 자궁에서 생성된 선천 면역력으로 신체를 보호하지만 그 면역력은 생후 6개월부터 점점 떨어져 12개월 이후에는 거의 소진됩니다. 따라서 이후에는 후천적으로 면역력을 키워 가야 합니다. 아이의 면역력을 높이기 위해서는 필수 영양소를 골고루 섭취하는 균형 잡힌 식사와 건강한 생활 습관이 필요합니다.

02 면역력을 높이기 위한 우리아이의 생활습관 & 식습관에는 어떤 것이 있을까요?

생활 속에서의 실천 방법

(1) 적당한 운동과 스트레칭을 한다

요즘 아이들은 학원이나 컴퓨터 앞에서 보내는 시간이 많아 몸을 활동적으로 움직이는 시간이 부족합니다. 건강한 신체 활동은 우리 몸의 면역력을 높이는 데 필수적인 요소로서 특히 성장기 어린이에게는 꼭 필요합니다. 따로 시간을 내서 운동하는 것이 힘들다면 가족과 함께 가벼운 산책을 하거나 그것도 힘들다면 잠자리에 들기 전 간단한 스트레칭이라도 반드시 해야 합니다.

(2) 체온 유지에 신경을 쓴다

감기에 걸렸을 때 체온이 상승하는 이유는 몸에서 열을 내어 병균과 싸우는 백혈구의 기능을 활성화시켜 면역력을 높이려는 것입니다. 따라서 몸을 따뜻하게 해야 면역력이 강해집니다. 몸이 차면 우리 몸을 데우기 위해 에너지를 많이 소모하기 때문입니다. 그러므로 아이스크림 같은 차가운 음식은 너무 많이 먹지 말고 되도록 따뜻한 음식을 섭취해야 합니다.

반신욕도 도움이 되는데 엄마 아빠와 함께하는 입욕이 아이 정서에도 도움이 되고 체온 유지에도 도움이
되니 일석이조 아닐까요?

(3) 거주 환경을 청결히 한다

집안의 먼지를 줄입니다. 청소와 환기를 자주 하고 겨울이나 장마철처럼 환기가 힘든 경우는 공기청정
기의 도움을 받는 것도 좋습니다. 커튼과 카펫은 되도록 먼지가 적게 생기는 섬유를 사용하고, 침구는
자주 털어 햇볕에 말려 줍니다.

(4) 스트레스를 최소화한다

요즘 아이들은 과도한 학습 부담으로 인해 스트레스에 많이 노출되어 있습니다. 스트레스를 받으면 면역
반응을 억제시키는 호르몬이 분비되어 면역력을 떨어뜨립니다. 아이들의 마음을 편안하게 해주어 많이
웃게 하고, 긍정적인 마인드를 심어 주면 면역력은 저절로 높아질 거예요.

(5) 충분한 숙면을 취하게 한다

잠을 깊게 충분히 자면 면역력을 높일 수 있습니다. 자는 동안 골수에서 백혈구가 만들어지고 세포
활동이 활발해지기 때문입니다. 잘 때는 이불을 덮어 몸을 따뜻하게 하고 잠자리에 드는 시간은 늦어도
밤 9시를 넘기지 말아야 합니다. 잘 때에 코를 고는지 입으로 호흡하는지 또는 수면 자세 등을 유심히
살펴 아이의 건강 상태를 확인합니다.

(6) 개인위생을 철저히 한다

외출에서 돌아오면 손발을 씻고 양치질을 하도록 합니다. 배변 후나 식사 전에도 항상 손을 씻는 습관을
들이도록 합니다.

면역력을 높이는 식사법

(1) 제철식품, 지역식품(로컬 푸드)을 섭취한다

제철식품은 값이 저렴해서 가계 경제에 도움이 되는 것은 물론 농약에 대한 걱정을 덜 수 있습니다.
요즘은 웬만한 식재료는 제철이 아니어도 쉽게 구할 수 있어 언뜻 생각하면 생활이 편리해졌다고 할 수
있지만 제철이 아닐 때 채소를 재배하려면 농약이나 화학 비료를 상대적으로 많이 써야 하기 때문에
건강에는 이롭지 않습니다. 또한 제철식품은 그 계절에 맞게 우리 몸에 필요한 영양소를 제공해 줍니다.
또한 지역에서 재배한 농산물이 수입 농산물보다 몸에 좋습니다. 수입 농산물은 먼 거리를 운반하는
과정에서 썩지 않도록 방부제나 농약을 많이 사용하기 때문입니다.
냉장고 문에 제철식품 목록을 붙여놓고 장볼 때 적용해 보세요. 그런 작은 시도가 맛도 좋고 건강에도
좋은 식탁을 만들어 줍니다.

(2) 발효식품을 섭취한다

발효식품이란 미생물의 발효작용 및 숙성시킨 식품을 말합니다. 절임식품, 김치류, 콩을 발효시킨 장류,
유산균을 발효시킨 요구르트, 치즈, 발효음료 등은 면역력을 높이는 데 도움을 줍니다.

(3) 전체식품을 섭취한다

전체식품이란 버리는 부분 없이 통째로 섭취할 수 있는 식품을 말합니다. 현미, 콩, 과일, 잔새우, 뼈째
먹는 생선, 씨앗류, 깨 등이 전체식품에 속하며 다양한 영양소가 함유되어 있습니다. 채소 중에서도
껍질째 먹을 수 있는 식품은 그대로 섭취하는 것이 좋습니다. 껍질에는 섬유질이 풍부하기 때문에 정장
작용에 도움이 되고 노폐물 배출에도 효과적이기 때문입니다. 거친 식품은 씹는 횟수를 늘려 타액의
분비가 촉진되어 소화를 돕고 씹는 활동은 두뇌를 자극하여 아이들 두뇌 발달에 좋습니다.

또한 침이 많이 발생하면 충치도 줄여주는 효과가 있습니다. 채소 같은 경우 통째로 버리는 부분이 없이
사용하기 위해서는 되도록 유기농 채소를 고르고 깨끗하게 씻어야 합니다. 자투리 채소는 냉동 보관해
두었다가 맛내기 육수를 만들 때 사용하면 좋습니다.

(4) 친환경 농산물을 섭취한다

농림부 산하 국립농산물 품질 관리원에서 인증하는 국가인증제도 중 하나인 국내 친환경 농산물 인증마
크를 확인하세요.

유기 농산물 3년 이상 농약, 화학비료를 사용하지 않고 재배한 농산물

전환기 유기 농산물 1년 이상 농약과 화학비료를 사용하지 않고 재배한 농산물

무농약 농산물 농약은 사용하지 않고 화학비료는 권장선 분량의 1/3 이하로 사용하여 재배한 농산물

저농약 농산물 농약과 화학비료를 1/11 이하로 사용하여 재배한 농산물

유기축산물 유기 사료를 주고 항생, 항균제를 사용하지 않고 사육한 축산물

무항생제 축산물 일반 사료를 주고 항생, 항균제를 사용하지 않고 사육한 축산물

참고 유기농 식품 전문 온라인 쇼핑몰

내추럴존 http://www.naturalzone.co.kr/
무공이네 http://www.mugonghae.com/
이팜 http://www.efarm.co.kr/
올가홀푸드 http://www.orga.co.kr/

한살림 http://www.hansalim.or.kr/
한국여성민우회 생협 http://www.minwoocoop.or.kr/shopping/
경실련정농 생협 http://www.jungnong.com/
환경연합 ECO 생협 http://www.ecocoop.or.kr/

(5) 패스트푸드, 가공식품, 인스턴트식품 섭취를 줄인다

패스트푸드는 편리하지만 영양 불균형과 비만을 불러옵니다. 패스트푸드의 맛은 달거나 짜게

마련인데 이때 사용되는 정제된 설탕과 소금은 우리 몸에 좋은 미네랄 성분을 배설시키고 신진대사를 저하시킵니다. 또한 각종 식품첨가물(방부제, 화학조미료, 표백제, 살균제, 산화방지제, 착색제, 발색제, 유화제, 안정제)이 들어간 가공식품과 인스턴트식품이 우리 몸에 들어가면 면역력 저하, 발육 저하, 인내력과 집중력 저하 등을 가져옵니다.

그런데 우리는 이런 식품의 편리함에 길들여져 '이번만 먹자'라며 안일하게 생각하는 경우가 많습니다. 하지만 그런 식품 첨가물이 우리 아이의 몸에 축적된다는 사실을 상기하여 가급적 섭취하지 않도록 해야 합니다.

무엇이든 단번에 실천하기란 쉽지 않습니다. 차차 줄여 가겠다는 마음가짐이 필요합니다. 가공식품을 구입하기 전에 포장에 표기되어 있는 첨가 성분을 한번 살펴보세요. 뭐가 그렇게도 많이 들어 있는지 새삼 놀라게 될 거예요. 막상 눈으로 보게 되면 집었다가도 다시 놓게 될 거예요. 이런 작은 실천부터 시작한다면 우리의 식탁이 건강해질 거예요.

햄이나 소시지 등의 가공식품을 맛본 아이들은 또다시 먹고 싶어 합니다. 이때 몸에 해로우니 무조건 안 된다고 하면 아이는 엄마 말을 따르려 하지 않습니다. 이럴 때는 아이와 함께 장을 보는 것도 하나의 방법입니다. 장을 보면서 가공식품에 어떤 첨가물이 들어 있는지, 우리 몸에 어떤 악영향을 끼치는지 알려준다면 아이도 엄마 말에 무조건 반대하지 않고 자연스레 받아들일 거예요. 이렇듯 식탁에서도 아이의 의견을 존중하고 참여를 유도한다면 아이의 올바른 식습관을 형성하는 데 큰 도움이 될 거예요.

(6) 농약 성분과 식품첨가물을 줄이자

식품첨가물의 대부분은 화학물질이기 때문에 체내에서 활성산소를 발생시켜서 알레르기를 일으키고 면역력을 약화시킵니다. 농약 성분 또한 설명이 필요 없지요. 어쩔 수 없이 먹게 된다면 다음과 같은 차선책을 사용해 봅시다.

채소류의 농약 성분은
당근, 무, 감자, 고구마, 연근 같은 단단한 채소 솔이나 그물형의 수세미로 문질러 씻는다.
시금치, 쑥갓, 미나리 같은 잎채소 물에 담가 물을 틀어 5분간 물을 흘려보낸 후 물을 휘저으며 한번 씻어 낸 후 꺼내 흐르는 물에 여러 번 씻는다.
배추, 양배추 같은 잎채소 겉잎 두세 장은 떼어내고 위의 잎채소와 같은 방법으로 씻는다.

과일류의 농약 성분은
포도, 딸기 포도는 큰 덩어리를 작게 하고 물에 담가 물을 틀어 5분간 물을 흘려보낸다. 그리고 물을 휘저으며 한번 씻어 낸 후 꺼내 흐르는 물에 여러 번 씻는다.

바나나 껍질을 벗긴 뒤 줄기 쪽을 1~2cm 정도 자른다.

멜론 껍질을 약간 두껍게 하여 자른다.

사과 스펀지로 부드럽게 문질러 닦고 껍질은 되도록 깎는다.

식품 첨가물을 줄이기 위해서는

라면을 끓일 때는 면을 한번 데쳐 사용하고, 수프의 양을 줄이고
파, 당근과 같은 신선한 채소와 천연조미료를 첨가한다면 더
좋습니다. 햄이나 소시지, 어묵, 맛살 같은 제품은 사용하기 전에
반드시 끓는 물에 삶은 후에 조리합니다. 소시지 같은 경우는
칼집을 내어 삶는 것이 좋습니다. 통조림 제품은 안에 들어 있는
국물과 기름은 버리고 제품 또한 뜨거운 물을 붓거나 데쳐서
사용합니다.

(7) 천연조미료 사용하기

앞으로는 자연으로부터 얻어지는 천연조미료를 사용하여 건강한 식탁을 만들어 보세요. 직접 만들기가
번거롭다면 유기농 매장에서 구입하여 사용하는 것도 하나의 방법입니다.

다시마 깨끗한 마른 행주로 겉에 묻어 있는 하얀 가루를 닦아낸 후 살짝 구워 분쇄기에 갈아준다.

마른새우, 멸치가루 마른새우와 멸치는 마른 팬에 살짝 볶은 후 체에 걸러 불순물을 빼내고 분쇄기에
갈아준다.

표고버섯가루 말린 표고버섯을 구입 한 후 통째로 분쇄기에 갈아준다.

들깨가루 들깨를 곱게 빻아준다.

황태가루 황태를 손질 한 후 살만 분쇄기에 갈아준다.

'미정', '미향'과 같은 조미술에는 합성 당분이 첨가되어 있으므로 그런 제품보다는 쌀과 주정으로만
이루어진 질 좋은 청주를 사용하는 것이 좋습니다. 또한 정제된 백설탕을 사용하기보다는 천연 흑설탕,
조청, 꿀을 사용하는 것이 좋습니다. 국물 요리를 할 때는 다시마육수, 멸치육수와 같이 직접 만든
육수를 사용하세요.

다음은 계절별로 차린 아이밥상의 예입니다. 각 레시피는 계절별로 본문에서 찾아볼 수 있습니다. 우리 아이들이 계절별 식재료를 이용한 건강한 음식을 먹고 자란다면 아이들의 미래도 건강해질 것입니다.

〈봄 밥상의 예〉

〈여름 밥상의 예〉

〈가을 밥상의 예〉

〈겨울 밥상의 예〉

오가닉 밥상을 위한 제철식품

제철식품을 섭취하는 것은 그 계절에 수확한 것을 먹음으로써 자연의 섭리에 순응하는 일이며, 그 계절의 토양에서 햇빛과 바람을 맞고 자라 필요한 영양분을 가득 담은 음식을 먹기 때문에 면역력 강화에 큰 도움이 됩니다. 또한 에너지를 절약할 수 있어 우리가 살고 있는 지구를 보호하는 일이기도 합니다.

〈제철식품과 책에서 소개한 요리〉

	채소	과일	해산물
봄 (3~5월)	**달래**(달래된장찌개44p, 달래전45p, 달래새우살무침64p), **냉이**(냉이완두콩밥26p, 냉이흑두부무침47p, 닭안심냉이전74p, 닭안심냉이볶음밥75p), **쑥**(두부쑥보리죽36p, 쑥국43p), **양상추**(양상추수프30p, 양상추샐러드31p), **상추**(상추겉절이46p, 상추샌드위치82p), **죽순**(죽순영양밥28p, 죽순나물29p, 죽순쇠고기덮밥32p), **취나물**(취나물들깨무침52p, 취나물채소튀김79p), **양배추**(강된장양배추쌈밥24p, 양배추롤밥25p, 양배추양파장아찌65p, 양배추코울슬로84p), **미나리**(미나리오징어무침58p, 미나리나물59p, 미나리콩나물무침60p), **도라지**(쇠고기도라지리소토34p, 도라지오이생채48p, 도라지나물49p), **더덕**(더덕쇠고기말이조림50p, 더덕구이51p), **양파**(양파미소국42p, 카레양파링78p), **마늘종**(마늘종무침53p, 마늘종건새우볶음54p, 마늘종어묵조림55p), **쑥갓**(쑥갓대구맑은탕40p, 쑥갓나물41p, 쑥갓잔멸치전76p), **시금치**(시금치연두부국38p, 시금치들깨수제비68p, 시금치들깨무침69p), **부추**(부추바지락칼국수66p, 부추무침67p, 부추장떡70p), **두릅**, **봄동** 등	**딸기**(딸기크레이프80p, 딸기요거트아이스크림81p), **앵두** 등	**오징어**(오징어무국39p, 오징어피망전62p, 오징어채소볶음63p), **삼치**(삼치유자소스구이56p, 삼치된장구이57p) 등
여름 (6~8월)	**아욱**(현미아욱죽88p, 아국느타리버섯국100p), **오이**(오이냉국91p, 오이송송이101p, 오이견과류샐러드114p, 오이묵무침115p), **애호박**(애호박두부새우젓국90p, 애호박달걀말이106p, 애호박새우젓볶음107p), **근대**(근대보리새우국96p, 근대된장무침97p, 돼지수육근대무침118p), **감자**(감자채소국92p, 감자채볶음93p, 알감자호두조림108p, 알감자검은깨빠스109p, 감자옹심이120p, 감자전121p), **가지**(가지나물104p, 가지조림105p, 가지쇠고기볶음110p), **열무**(열무된장국94p, 열무나물95p, 열무닭가슴살무침112p), **깻잎**(깻잎무침102p, 깻잎듬뿍닭갈비122p, 깻잎장아찌123p), **고구마순**(고구마순들깨무침103p, 고구마순김치113p), **옥수수**(옥수수수프89p, 옥수수두유126p, 옥수수치즈버터구이127p), **콩**(콩비지찌개98p, 콩국수116p), **마**(참마셰이크131p), **풋고추** 등	**살구**(살구스무디124p), **수박**(수박화채130p), **복숭아**(복숭아셔벗125p), **멜론, 포도, 토마토, 참외, 매실** 등	**전복, 민어, 병어, 전갱이, 바닷가재, 장어, 농어, 갑오징어, 성게, 잉어** 등

	채소	과일	해산물
가을 (9~11월)	**고구마**(고구마톳밥134p, 고구마브로콜리수프150p, 닭고구마카레덮밥184p), **표고버섯 · 느타리버섯**(버섯비빔밥146p, 버섯리소토147p, 버섯육개장152p, 닭안심버섯볶음153p, 쇠고기버섯전골154p, 버섯카레부침155p), **단호박**(단호박수프145p, 단호박설기204p, 단호박식혜206p), **우엉**(우엉닭고기덮밥148p, 우엉조림149p, 돼지고기우엉볶음174p), **연근**(연근밤밥138p, 연근시금치전139p, 연근정과203p), **당근**(당근머핀192p, 당근쿠키193p), **배추**(배추들깨국156p, 미소된장배추수제비186p), **파**(파달걀국151p), **붉은 고추, 고들빼기, 토란** 등	**배**(배콤포트202p), **사과**(사과샌드위치196p, 사과밤매시198p, 사과아이스바199p), **감**(감양갱194p, 감플레인요거트195p), **밤**(밤은행갈비찜172p, 밤견과류맛탕200p), **땅콩**(땅콩소스닭꼬치구이164p), **대추**(대추영양밥136p, 대추고137p), **키위, 포도, 석류, 무화과** 등	**홍합**(홍합김치국160p, 홍합탕161p, 홍합미역국162p, 홍합우동190p), **꽃게**(게살주먹밥142p, 모닝빵게살샌드위치143p, 두부게살리소토144p, 꽃게찌개158p, 게살달걀탕159p), **꽁치**(꽁치김치찌개163p, 생강소스꽁치구이165p), **고등어**(고등어새송이버섯구이170p, 고등어김치조림171p), **낙지**(낙지초무침180p, 낙지덮밥182p, 낙지무국183p), **연어**(연어양파구이168p, 연어버섯말이169p, 연어탕수188p), **갈치**(갈치카레구이166p, 갈치단호박조림167p), **전어, 청어, 옥돔, 방어, 참치, 참돔, 대구, 성게, 해파리** 등
겨울 (12~2월)	**콜리플라워**(콜리플라워해물볶음228p, 콜리플라워스크램블229p), **브로콜리**(브로콜리크림파스타244p, 브로콜리버섯볶음245p), **무**(쇠고기무국218p, 멸치무조림234p, 무나물235p), **시래기**(시래기된장국222p, 시래기조림223p), **팥**(팥찰밥212p, 팥죽213p), **검은콩**(검은콩죽214p, 콩자반215p) 등	**귤**(귤잼토스트247p), **유자**(유자청제육볶음246p), **호두**(호두멸치볶음227p, 호두강정248p, 호두조림249p), **바나나, 레몬** 등	**굴**(굴시금치밥216p, 굴채소부침237p, 굴우동240p), **매생이**(매생이국224p, 매생이호떡250p, 매생이채소전251p), **새우**(새우두부김치전236p, 새우살오므라이스238p), **조개**(조개순두부탕220p, 조개볶음우동221), **주꾸미**(주꾸미콩나물볶음230p, 주꾸미튀김231p), **다시마**(다시마어묵조림226p, 다시마쿠키252p), **전복**(채소전복죽210p, 전복치즈구이232p, 전복무침233p), **꼬막**(꼬막찜242p, 꼬막전243p), **대게, 홍어, 복어, 문어, 맛조개, 가자미, 미역, 김, 파래, 굴, 해삼, 대구, 명태, 옥돔, 아귀, 청어** 등

예성이가 이렇게 잘 자랐어요

그동안 많은 면역력 관련 정보를 수집하고 정리하면서 제 나름대로의 실천 가능한 원칙을 정하였습니다. "이건 반드시 이렇게 하고, 저건 저렇게 해야 해."라는 생각이 너무 확고하다면 저나 예성이가 스트레스를 받아 오히려 건강을 해칠 듯해서 생활 속에서 제가 실천할 수 있는 방법을 세 가지 정해 보았습니다.

첫째, 균형 잡힌 먹을거리, 둘째, 활발한 신체활동, 셋째, 호흡과 수면요법입니다. 그러면 예성이는 어떻게 실천하고 있을까요? 한 가지씩 알아보겠습니다.

어떤 음식을 먹느냐도 중요하지만 어떤 태도로 먹느냐도 중요합니다. 밥을 아이 혼자 먹게 하거나 TV나 책을 보면서 먹게 하지 마세요. 급하게 먹는 아이라면 천천히 먹는 습관을 들이도록 하세요. 가족과 함께 즐겁게 식사한다면 배고픔도 채우고 사랑도 채우는 행복한 식탁이 될 거예요.

(1) 현미밥

아이들에게 현미밥이 좋으니 먹으라면서 갑자기 100% 현미로 바꾸면 싫어하고 오히려 스트레스를 받아 식습관에 안 좋은 영향을 끼칠 수 있습니다. 사실 어른도 100% 현미밥으로 식사하는 것을 꺼리는 경우가 있지요. 처음부터 너무 욕심 내지 말고 서서히 양을 늘려가는 것이 좋습니다. 처음에는 현미 10%로 시작해서 점차 양을 늘려가는 식이지요. 저는 현재 현미 80%에 5분도 쌀 20%, 잡곡류 한두 가지를 섞어서 밥을 짓습니다.

(2) 콩과 멸치

저는 예성이에게 5살부터 매일 아침 나이수대로 볶은 콩과 멸치를 먹였습니다. 5살이면 콩 5알, 멸치 5마리.

그런데 이 녀석 콩을 무척이나 싫어하였습니다. 먹어야지 유치원에 갈 수 있었기 때문에 처음에는 곧잘 먹나 싶었는데 어느 날 보니 콩 하나를 입안 구석에 숨기고 있는 것을 알게 되었습니다. 어찌나 미안하든지……. 아무리 몸에 좋은 음식이라도 스트레스를 받는다면 무슨 의미가 있겠어요. 그래서 일단 콩은 나이수대로 고집하지 않고 먹고 싶은 만큼만 먹게 했고, 먹기 싫다는 날에는 먹이지 않기도 했습니다.

점차 구수한 콩 맛에 익숙해지면서 지금 10살이 된 예성이는 이제 무리 없이 먹게 되었습니다. 아이가 너무 싫어하면 받아들일 때까지 기다려주세요.

(3) 김치, 요구르트 같은 발효식품

김치, 된장, 요구르트 같은 발효식품을 매일 섭취합니다. 김치는 워낙 기본 반찬이니 무리 없이 잘 먹고 요구르트 또한 맛이 좋아 아이가 편하게 먹지요. 요구르트에 과일을 넣어주면 비타민 보충도 되어 더욱 좋습니다. 된장이나 고추장을 국이나 찌개, 무침용 양념으로 활용하여 하루에 한번은 꼭 섭취하도록 합니다.

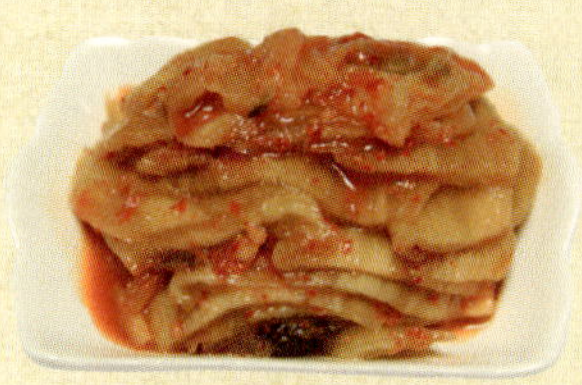

(4) 제철과일

제철과일은 끊기지 않게 늘 준비해 둡니다. 신선한 제철과일이야말로 보충제가 필요 없는 자연비타민이지요.

(5) 자연 간식

아이들은 활동량이 많아 식사를 한 후에도 중간중간 배고파하며 먹을거리를 찾게 되지요. 요즘은 간식거리가 너무 많아 고르기도 힘들 정도입니다. 하지만 대부분이 빵, 과자, 초콜릿, 캔디, 아이스크림, 각종 음료 등 가공된 식품입니다.

가공식품을 전혀 안 먹이면 좋겠지만 그러기가 쉽지 않은 게 현실입니다. 그렇더라도 최대한 자연 간식을 먹이도록 노력해야 합니다. 고구마, 감자, 옥수수, 밤, 견과류, 미숫가루 등도 훌륭한 간식이 되고, 직접 만든 쿠키나 빵도 좋습니다. 아이스크림을 좋아하는 아이에게는 과일을 얼려 두었다가 갈아서 먹이면 도움이 됩니다. 예성이도 아이스크림을 꽤 좋아하는데 홍시나 딸기 같은 경우 얼려두었다가 주면 무척 좋아하지요.

간식을 줄 때는 적당한 양을 주어야 합니다. 간식을 너무 많이 섭취하면 본 식사에 영향을 미치기 때문입니다. 특히 밥을 잘 안 먹는 아이에게 불안한 마음에 간식이라도 먹이고 싶은 것이 엄마 마음이지만, 그렇게 되면 밥맛을 더욱 잃게 되는 악순환이 됩니다. 간식이란 말 그대로 간식이어야지 주식이 되어서는 안 됩니다.

예성이의 생활습관

(1) 신체활동에 중점을 둡니다

예성이는 걸음마를 또래보다 늦게 떼었습니다. 신체적인 이상이 없는 이상 무리해서 빨리 걸음마를 시키고 싶지 않았습니다. 기다려주니 때가 되어 알아서 걷더라고요.

걸음마를 아장아장 할 때부터 하루에 한번은 꼭 예성이와 산책을 했습니다. 유치원을 선택할 때에도 신체활동에 더 중점을 두고 자연을 벗 삼는 교육기관에 보내고자 하였습니다. 아이는 건강하게 뛰어노는 것이 최고라고 생각했기 때문입니다. 다행이도 예성이 스스로도 몸을 움직이는 것을 무척이나 좋아해서 매일 한 시간 정도는 땀을 흘릴 정도의 신체활동을 합니다.

물론 요즘은 놀이터에 나가 보아야 다들 학원에 다니기 때문에 또래 친구를 만나기란 쉽지 않습니다. 친구와 놀기 위해서는 약속 시간을 정해야만 가능하게 되어 버렸지요. 그렇지만 엄마와 둘이서도 할 수 있는 신체놀이가 생각보다 많습니다. 자전거 타기, 운동장에서 공놀이하기, 줄넘기, 공 주고받기, 배드민턴 등 마음만 있다면 아이와 함께 신체놀이를 할 수 있습니다.

그러면 아이와의 교감도 좋아지고 아이의 면역력도 자연스레 높아지지요. 신체활동을 하면서 햇볕을 쬐면 비타민 D가 생성될 뿐만 아니라 햇볕에는 피부의 면역력을 유지해주고 생체 리듬을 조정하는 기능이 있습니다. 그래서 깊은 수면을 도와주고 신진대사 기능을 활발하게 하여 아이가 건강하게 자랄 수 있게 합니다.

(2) 호흡 및 수면요법

저는 알레르기 비염이 심하고 편도선 수술도 하였습니다. 어려서부터 바르지 못한 생활습관과 입으로 호흡하는 습관 때문에 증상이 더욱 악화되었지요. 또한 엎드려 자는 버릇으로 인해 호흡에 더 악영향을 끼쳤고요. 비염이 너무 심해 코로 호흡하는 것 자체가 불가능하였습니다. 때문에 늘 편두통에 시달리고 집중도 잘 되지 않고 만성감기에 시달렸습니다. 코를 고는 것은 물론 수면무호흡증까지 있었습니다.

그러다 보니 예성이의 호흡법에 더욱 신경 쓰게 되었습니다. 예성이는 무언가를 집중할 때면 입을 벌리는 습관이 있었고 또한 엎드려 자고 코를 골기도 했습니다. 이는 입으로 호흡할 때 나오는 모습입니다.

코에는 공기 중에 떠다니는 먼지나 세균이 몸 안으로 들어오는 것을 막아 주는 필터 역할을 하는 기관이 있습니다. 코는 또한 공기를 촉촉하게 만들어 폐로 보내는 가습 기능도 합니다. 따라서 입으로 호흡하면 오염된 외부 공기가 바로 폐로 들어가고, 입 내부와 편도가 건조해져서 건강에 해롭습니다. 내부적인 건강뿐 아니라 외적으로도 얼굴이 틀어지다든지 하는 문제점도 생길 수 있습니다. 그러므로 코로 호흡하는 것은 건강을 위한 기본 중의 기본이라 할 수 있습니다. 처음에는 이러한 사실을 모르고 방치해 두었다가 나중에 고치는데 쉽지만은 않았습니다. 그러나 나중에라도 알게 되어 얼마나 다행인지 모릅니다.

코로 호흡하는 게 원활하게 이루어지면 숙면에도 큰 도움이 됩니다. 우리 몸은 잠자는 것뿐 아니라 누워만 있는 것으로도 면역력에 도움이 된다고 합니다. 그러하니 질 높은 수면이야말로 면역력에 얼마나 도움이 되겠습니까. 수면이 성장에 영향을 끼친다는 사실은 많이들 알고 계실 거예요. 질 높은 수면, 즉 숙면은 몸의 밸런스를 맞춰주어 성장뿐 아니라 면역력을 높이는 데 중요한 역할을 합니다.

뒤집기를 시작하면서부터 어느 새 예성이는 엎드려 자는 경우가 훨씬 많아졌습니다. 저의 잠버릇이 그러하기 때문에 처음에는 그냥 유전적인 이유인가 보다 하며 대수롭게 생각지 않았는데, 바로 누워 자는 자세가 중요한 것을 알게 된 후 수면 자세를 바꿔 주려 노력하고 있습니다. 예성이에게 수면 자세가 왜 중요한지 알려주고 의식적으로라도 바른 자세를 취하도록 하고 있습니다. 오랜 시간 동안 밴 습관이 하루아침에 바뀔 거라 생각하지는 않습니다. 그렇더라도 조금씩 실천하다 보면 언젠가는 바른 자세가 잡힐 거라 확신하고 있습니다.

잠을 잘 때는 코로 호흡하기와 바른 자세로 숙면을 취하는 것 외에도 몸을 따뜻하게 유지하는 것이 중요합니다. 그런데 예성이는 자꾸 이불을 걷어차 버립니다. 그래서 억지로 이불을 덮어주기보다는 내복 상의는 반드시 하의 속에 넣어 배가 밖으로 나오지 않게 하고, 수면조끼를 입혀서 몸을 따뜻하게 해주는 방법을 택하였습니다. 몸을 따뜻하게 하는 습관은 잠잘 때뿐만 아니라 평소 생활에서도 신경을 써야 할 부분입니다.

Contents

Part 1

봄

봄에는 향긋하고 쌉싸레한 봄나물이 제격이에요.
겨우내 움츠려 있다가 새 생명이 움트는 봄의 정기로
태어난 봄나물들……. 봄나물에는 비타민과 무기질이
풍부하여 춘곤증을 이기는 데 큰 도움을 준답니다.
지금부터 활기를 불어넣어 주는 봄요리의 세계로 초대할게요.

양배추에는 칼슘 흡수를 도와주는 비타민 K가 들어 있어서
우유보다 흡수율이 두 배나 높답니다.
또한 양배추에 들어 있는 비타민 A와 셀레늄은 성장기 아이들의 발육을
촉진시키는 효과가 있으며 면역력에도 좋아요.
한 입 싸서 아이 입에 쏙 넣어 주면 맛있게 먹지요.

재료

양배추잎 손바닥 크기 4장

밥 2공기

된장 재료

애호박 1/2개

감자(중) 1개

양파 1/2개

된장 3큰술

다진 파 2큰술

참기름 · 물 약간

1 양배추잎은 찜통에서 쩌 낸다.

2 애호박, 감자, 양파를 잘게 썰어서 준비한다.

3 뚝배기에 참기름을 살짝 두르고, 감자를 볶다가 양파, 애호박을 넣고 볶는다.

4 **3**에 물을 자작하게 붓고 된장을 풀어 끓이다가 파를 넣어 바글바글 걸쭉하게 끓인다.

5 찐 양배추잎에 밥을 얹은 다음 강된장을 얹어 싼다.

양배추 롤밥

Ready … 밥 2인분, 양배추 손바닥 사이즈 4장, 김치 1/2줌, 참치 1캔,
김가루 · 깨 · 참기름 · 소금 약간씩

Recipe

❶ 양배추는 찜통에 찐 후 식혀 놓는다.

❷ 참치는 기름을 제거하고 김치는 잘게 썬다.

❸ 팬에 기름을 두르고 김치를 볶다가 참치를 넣어 함께 볶는다.

❹ 볼에 따뜻한 밥을 담아 김가루, 깨, 소금, 참기름을 넣어 버무린다.

❺ 찐 양배추를 펼친 후 ❹를 깔고 그 위에 ❸을 얹어 돌돌 말아 한 입 크기로 썬다.

완두콩은 칼슘이 풍부하여 아이의 골격을 튼튼하게 해줍니다.
냉이는 봄의 대표적인 나물로, 주로 무침이나 국으로 끓여 먹지만
쌀과 함께 밥을 지어 양념장(간장, 참기름, 깨)을 넣고 비벼 주면
초록빛 예쁜 색과 고소한 맛에 밥 한 그릇 뚝딱이지요.

재료

냉이 1줌

쌀 2컵

완두콩 1/2줌

당근 1/3개

양파 1/2개

1 쌀을 깨끗이 씻어 충분히 불린다.

2 냉이는 흐르는 물에 깨끗이 씻어 손질 후 물기를 빼고 먹기 좋게 썬다.

3 완두콩은 껍질을 벗겨 흐르는 물에 씻어 둔다.

4 당근과 양파는 잘게 썬다.

5 솥에 쌀을 안치고 나머지 재료를 얹은 후 1.2배의 물을 부어 밥을 짓는다.

Tip

냉이는요,

냉이는 봄철 대표적인 나물로, 주변에서 쉽게 구할 수 있어요. 나른한 봄에는 초록빛 나물이 제일이지요. 냉이에는 단백질, 비타민, 섬유질, 탄수화물, 칼슘, 인 등 모든 영양 성분이 고루 포함되어 있어요. 특히 비타민 B와 C가 풍부해서 천연비타민으로 불리지요. 또한 카로틴의 함량이 높아서 시력보호와 눈의 피로에도 좋아요. 한방에서는 냉이를 약용으로 사용한답니다.

죽순에는 많은 양의 식이섬유와 무기질이
함유되어 있어 장에 좋아요.
면역력을 높이는 데 제일 중요한 건 바로 장의 건강이랍니다.
죽순을 넣은 밥 한 그릇에 양념장(간장, 참기름, 다진 파, 깨 등)으로
맛있게 비벼 주세요.

재료

쌀 1컵

찹쌀 1컵

죽순 1개

표고버섯 2개

당근 1/3개

다시마 육수 2컵

Recipe

1 쌀과 찹쌀은 깨끗이 씻어 충분히 불린다. 이때 쌀뜨물은 따로 받아 둔다.

2 1의 쌀뜨물에 죽순을 삶아 찬물에 담근 후 빗살 모양을 살려 자른다.

3 표고버섯은 기둥을 제거한 후 깍둑 썰고, 당근도 작게 깍둑 썬다.

4 솥에 불린 쌀을 안치고 죽순, 표고버섯, 당근을 얹고 다시마 육수를 1.2배 부어 밥을 짓는다.

PLUS MENU

죽순나물

Ready … 죽순 1개, 다진 파 1큰술, 다진 마늘 0.5큰술, 간장 1큰술, 다시마 육수 0.5컵, 참기름 · 들깨가루 · 소금 약간씩

Recipe

❶ 죽순을 삶아 찬물에 담근 후 빗살 모양을 살려 자른다.

❷ 팬에 ❶을 넣어 다시마 육수를 붓고 다진 마늘, 간장을 넣어 조리듯 볶는다.

❸ ❷가 볶아지면 들깨가루와 다진 파를 넣어 뒤적이며 볶고, 참기름을 넣은 다음 모자란 간은 소금으로 한다.

양상추수프

양상추는 카로틴과 콜라겐의 합성을 돕는 비타민 C가
풍부하여 성장기 아이들에게 참 좋아요.
우유와 곁들여 먹으면 칼슘 흡수에도 도움이 돼요.
양상추는 보통 샐러드나 샌드위치에 넣어 생으로 먹지만
수프나 볶음밥 등에 넣어 요리하면 보다 많이 먹을 수 있어
식이섬유를 많이 섭취할 수 있어요.

재료

양상추 1/4개

버터 1.5큰술

우리밀 3큰술

우유 1.5컵

생크림 1/2컵

소금·흰 후춧가루 약간씩

1 양상추는 깨끗이 씻은 후 잘게 썰어 물기를 뺀다.

2 팬에 버터를 녹이고 우리밀을 넣어 약한 불에서 볶는다.

3 **2**에 우유를 넣고 저어가며 걸쭉하게 끓인다.

4 **3**에 양상추를 넣어 끓이다가 생크림을 넣고 소금과 후춧가루로 간을 맞춘다.

양상추샐러드

 … 양상추 1줌, 메추리알 10개, 방울토마토 10개, 오이 1/2개
소스 마요네즈 3큰술, 설탕 0.5큰술, 레몬즙 1큰술

❶ 양상추를 씻어 적당한 크기로 찢은 후 물기를 제거한다.

❷ 오이는 깍둑 썰고 메추리알은 삶아 껍질을 벗긴다.

❸ 방울토마토는 씻어 꼭지를 딴다.

❹ ❶, ❷, ❸을 볼에 담고, 소스 재료를 고루 섞은 후 부어 버무린다.

장 건강에 좋은 죽순이지만 그냥 먹으면 떫은 맛이 강해요.
이때 쌀뜨물에 삶으면 떫은 맛이 사라진답니다.
죽순은 쇠고기와 궁합도 잘 맞아 덮밥으로 만들어주면
한 그릇 뚝딱입니다.

재료

죽순 1개

쇠고기 2줌

밥 2공기

양파 1/2개

달걀 2개

파 1/2대

쇠고기 밑간

진간장 2큰술

청주 1큰술

다진 마늘 0.5큰술

소금 · 후춧가루 약간씩

덮밥 육수

다시마 육수 2컵

청주 2큰술

간장 1큰술

설탕 0.5큰술

참기름 0.5큰술

후춧가루 약간

Recipe

1 쇠고기는 밑간을 해 둔다.

2 죽순은 쌀뜨물에 삶아 찬물에 담근 후 빗살 모양을 살려 자른다.

3 양파는 채 썰고 파는 다진다.

4 냄비에 덮밥 육수 재료를 넣어 끓인다.

5 팬에 밑간한 쇠고기와 양파, 죽순을 넣어 볶다가 **4**를 넣어 끓인다.

6 **5**를 한소끔 끓인 후 다진 파를 넣고 달걀을 풀어 돌려가며 넣어준다.

7 그릇에 밥을 담고 **6**을 붓는다.

덮밥 요리는요,

덮밥 요리는 이것 저것 반찬 필요 없이 한 그릇으로 후닥닥 먹을 수 있어 간편해요. 다양한 덮밥 요리 소개해 드릴게요. 버섯덮밥, 낙지덮밥, 김치제육덮밥, 참치덮밥, 오징어덮밥, 두부덮밥……. 밥 한 그릇에 덮밥 소스를 얹어 먹으면 한 그릇 뚝딱이지요.

도라지에는 비타민 C, 사포닌 등이 함유되어 있어
면역력 강화에 도움을 줍니다. 감기나 천식에도 효능이
있어 면역력이 약한 어린이에게 좋은 식품입니다.
도라지는 보통 즙으로 내어 먹지만 리소토로 만들어 주면
식감도 좋아 맛있게 잘 먹어요.

재료

쌀 1컵

다진 쇠고기 3큰술

다진 도라지 1큰술

다진 양파 1큰술

다진 마늘 0.3큰술

쇠고기 육수 2.5컵

올리브유 · 소금 · 후춧가루 약간씩

쇠고기 밑간

청주 1큰술

소금 · 후춧가루 약간씩

1 쌀은 깨끗이 씻어 체에 밭쳐 물기를 빼 둔다.

2 쇠고기는 다진 후 밑간을 해 두고, 양파는 다져놓는다.

3 도라지는 칼로 긁어 껍질을 벗긴 뒤 흐르는 물에 깨끗이 씻어 잘게 다진다.

4 팬에 올리브유를 두르고 다진 마늘과 다진 양파를 넣어 볶다가 쌀을 넣어 볶는다.

5 4에 다진 쇠고기를 넣어 볶다가 다진 도라지를 넣는다. 육수를 자작하게 붓고 저어가며 볶는다. 육수는 한꺼번에 다 넣지 말고 잠길 정도로 부어가며 조린다.

6 5가 충분히 조려지면 소금과 후춧가루로 간을 한다.

도라지를 먹이는 또 다른 방법

다진 쇠고기에 다진 도라지, 양파 등의 채소를 넣고 볶음밥을 해도 맛있게 먹는답니다. 볶음밥은 채소를 싫어하는 아이들에게 채소를 먹일 수 있는 좋은 요리 방법이지요.

두부쑥보리죽

쑥은 혈액 속의 해로운 병균을 잡아먹는
백혈구의 수를 늘려 면역력을 높여 주고, 몸속 노폐물을 없애 줘요.
보리와 함께 죽을 쑤면 은은한 쑥 향기에 술술 잘 먹어요.

재료

두부 1/3모

쑥 1/2줌

보리 1/4컵

쌀 2/3컵

물 2컵

우유 2컵

소금 약간

1 보리와 쌀은 깨끗이 씻어 충분히 불린 후, 보리는 따로 믹서에 간다.

2 두부는 물기를 뺀 후 칼 옆면을 이용해 으깬다.

3 쑥은 깨끗이 씻어 작게 썰어 물기를 뺀다.

4 냄비에 갈은 보리를 넣고 물을 부어 끓이다가 걸쭉해지면 불린 쌀을 넣어 끓인다.

5 **4**가 걸쭉해지면 쑥을 넣어 저어주다가, 두부와 우유를 넣어 한소끔 끓인다.

6 **5**가 완성되면 소금으로 간을 한다.

쑥은요,

'7년 된 병을 3년 묵은 쑥을 먹고 나았다'라는 우리 속담이 있을 만큼 쑥은 정말 유용한 식품이 지요. 쑥에는 식이섬유, 비타민 A·C, 칼슘 등이 풍부하게 들어 있어 우리 몸의 면역 기능을 높 여줍니다. 다른 채소들에 비해 엽록소, 미네랄 등이 풍부해 농약이나 비료 등에서 오는 독소를 분해해 체외로 배출시켜 주는 역할도 한답니다. 특히 살균작용을 해서 항생제보다 안전하고 효 과가 좋다고 합니다. 또 쑥의 성질은 따뜻하여 손발이 차거나 추위를 많이 타는 사람들에게 좋 아요. 정말 여러 가지 좋은 효능을 가지고 있는 쑥을 다방면으로 활용해야겠어요.

시금치는 면역력을 증강시키는 베타카로틴 성분이
채소 중에서는 가장 많이 들어 있습니다. 또한 철분이 다량
함유되어 적혈구와 혈색소의 증식을 촉진시켜 주므로
꼭 먹어야 되는 채소이지요. 나물로 무쳐 먹어도 좋고
국을 끓여 먹기에도 좋아요.

 Ready

재료 시금치 1/3단, 연두부 1팩, 다진 파
1큰술, 다진 마늘 0.5큰술, 물 4컵, 국물용
멸치 6~7마리, 다시마 사방 5cm 2장, 국
간장·소금 약간

 Recipe

1 냄비에 물을 붓고 멸치, 다시마를 넣고 육수를 끓인다.

2 연두부는 먹기 좋은 크기로 썰고, 시금치는 다듬어서 썬다.

3 1에 시금치를 넣어 끓이다가 연두부를 넣고 한소끔 더 끓인다.

4 3에 다진 마늘과 다진 파를 넣고 끓이며 국간장과 소금으로 간을 한다.

오징어에는 쇠고기의 16배, 우유의 47배나 되는 타우린이 들어 있어요.
타우린은 뇌세포 형성에 도움을 주어 기억력을 좋게 해 주지요.
그렇기에 엄마들은 아이들이 오징어를 잘 먹으면 좋아하나 봅니다.
우리 엄마들도 오징어를 자주 먹어야겠어요.

Ready

재료 오징어 1마리, 무 1/3개, 국물용 멸치 6~7마리, 다시마 사방 10cm 1장, 물 5컵, 국간장 1큰술, 참치액 0.5큰술, 다진 마늘 1큰술, 고춧가루 0.5큰술, 대파 1/2대, 소금 약간

Recipe

1 냄비에 물을 붓고 멸치와 다시마를 넣어 육수를 우려낸다.

2 오징어는 손질하여 먹기 좋은 크기로 썰고, 무는 네모나게, 대파는 어슷 썬다.

3 1에 무를 넣어 끓이다가 오징어와 다진 마늘, 국간장, 참치액, 고춧가루를 넣어 끓인다.

4 3에 모자란 간을 소금으로 하고, 대파를 넣어 한소끔 더 끓인다.

쑥갓은 카로틴 함량이 높고 비타민 B · C, 칼슘, 철분
등도 풍부해 빈혈 예방에 좋아요.
쑥갓의 독특향 향 성분은 소화흡수를 촉진시켜 준답니다.
대구와 함께 쑥갓도 얹어서 주세요.
아이들도 몸에 좋다고 하면 잘 먹는답니다.

재료

쑥갓 1/2단

대구 1마리

무 1/4개

애호박 1/3개

팽이버섯 1줌

대파 1/2대

홍고추 1개

다진 마늘 1큰술

다시마 육수 6컵

국간장 1큰술

참치액젓 0.5큰술

소금 약간

1 대구는 머리를 잘라내고 내장을 손질한 후 토막 내어 깨끗이 씻는다.

2 무는 네모나게, 호박은 반달 모양으로 썰고, 버섯은 밑동을 잘라낸다.

3 쑥갓은 다듬어서 먹기 좋은 크기로 썰고, 대파는 어슷 썰고, 홍고추는 씨를 발라 어슷 썬다.

4 냄비에 다시마 육수를 붓고 무를 넣어 끓이다가 다진 마늘과 대구를 넣어 끓인다.

5 4에 호박과 팽이버섯, 홍고추, 대파를 넣어 끓이고 국간장, 참치액젓, 소금을 넣어 간을 한 다음, 마지막으로 쑥갓을 넣어 한소끔 끓여낸다.

쑥갓나물

 … 쑥갓 1줌, 다진 파 1큰술, 다진 마늘 0.5큰술, 소금 · 참기름 · 통깨 약간씩

❶ 쑥갓은 먹기 좋은 크기로 잘라서 끓는 물에 소금을 약간 넣고 데쳐서 찬물에 헹군 다음 물기를 짠다.

❷ ❶을 볼에 담고 다진 파, 다진 마늘을 넣고 소금으로 간을 한 다음 참기름과 통깨를 넣어 조물조물 무친다.

양파미소국

양파는 칼슘 흡수와 성장호르몬 등에 도움을 주어
성장기 어린이에게 좋은 식품이에요. 거기다
해열 작용을 돕기 때문에 초기 감기에도 좋답니다.

 Ready

재료 양파 1개, 두부 1/3모, 다시마 육수
4컵, 다진 파 1큰술, 미소된장 1.5큰술, 소금
약간

 Recipe

1 두부는 작게 썰고, 양파도 적당한 크기로 썬다.

2 냄비에 다시마 육수를 붓고 끓어오르면 미소된장을 넣어 풀어준다.

3 2에 두부와 양파를 넣어 끓이고, 간을 보아 모자란 간은 소금으로 한다.

4 3에 다진 실파를 넣어준다.

쑥국

향긋한 쑥으로 구수한 된장국을 끓이면
훌훌 잘도 먹지요.

Ready

재료 쑥 1줌, 표고버섯 2개, 건새우 10마리, 된장 1.5큰술, 들깨가루 1큰술, 국물용 멸치 6~7마리, 다시마 사방 10cm 1장, 물 4컵

Recipe

1 냄비에 물을 붓고 멸치와 다시마를 넣어 육수를 우려낸다.

2 쑥은 어린 잎만 뜯어 깨끗이 씻고, 표고버섯은 얇게 썬다.

3 1이 끓으면 된장을 넣어 풀고, 표고버섯과 건새우를 넣어 끓인다.

4 3에 쑥을 넣어 한소끔 끓이고, 들깨가루를 넣어 한소끔 더 끓여준다.

달래된장찌개

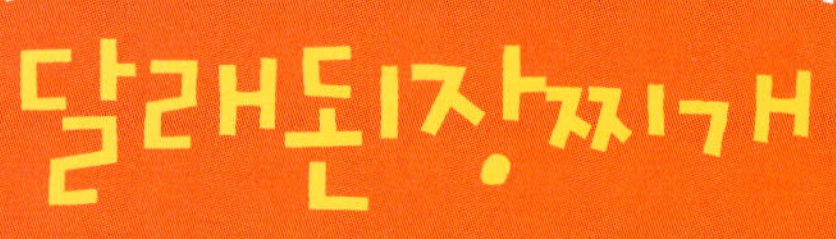

달래는 냉이와 더불어 대표적인 봄 식재료지요.
달래에는 무기질이 골고루 들어 있어 빈혈을 없애 주고,
비타민 C와 칼슘이 풍부해 춘곤증 예방에도 좋아요.
구수한 된장찌개에 넣으면 아이들도 잘 먹어요.

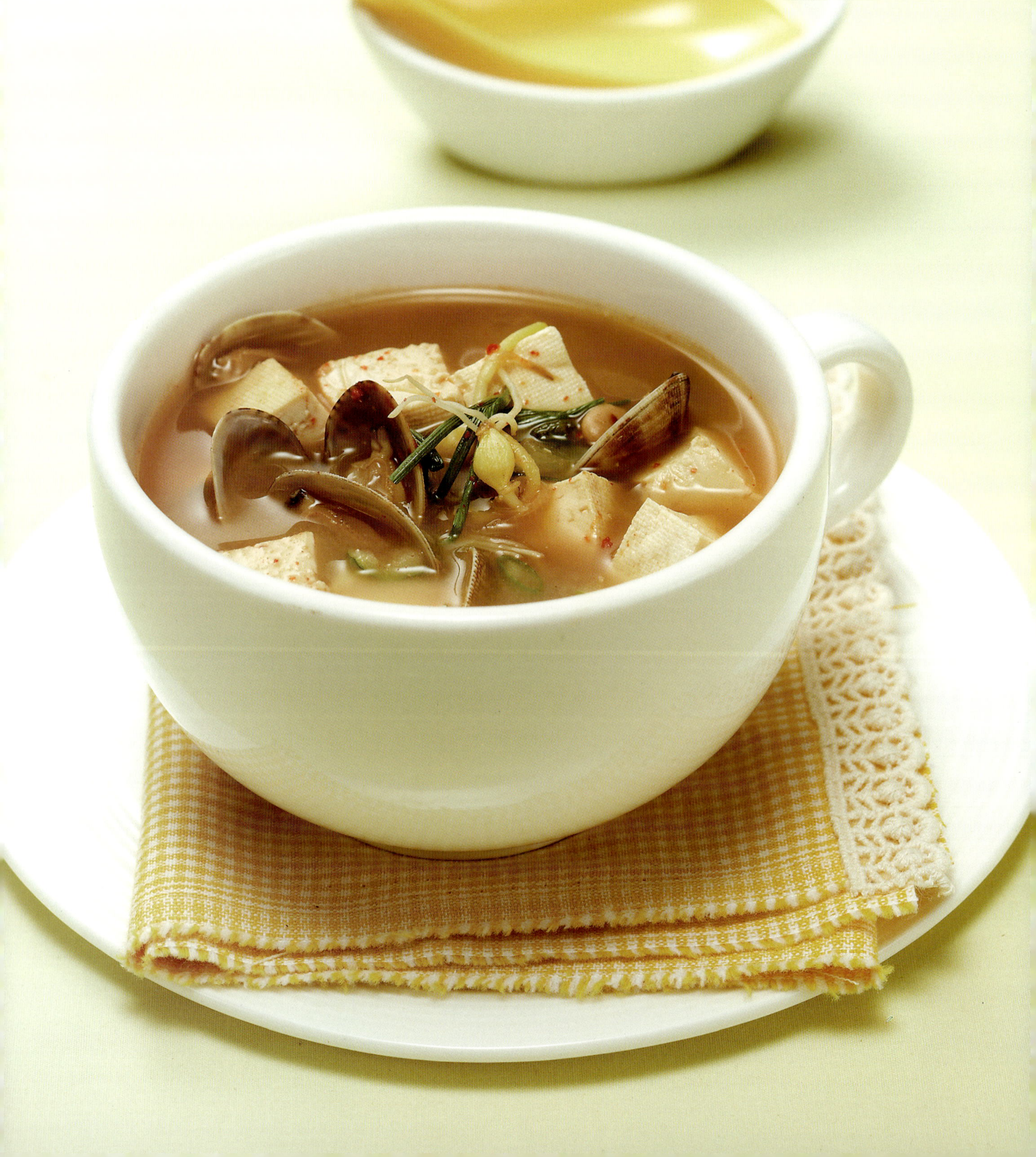

재료

달래 1/2줌

바지락 1줌

두부 1/3모

쌀뜨물 3컵

된장 1큰술

고춧가루 0.3큰술

다진 파 1큰술

Recipe

1 바지락은 소금물에 담가 해감을 한 후 흐르는 물에 씻는다.

2 두부는 깍둑 썰고 달래는 다듬어 씻은 후 3~4cm 길이로 썬다.

3 뚝배기에 쌀뜨물을 넣어 끓이다가 끓어오르면 된장을 넣어 푼다.

4 **3**에 바지락과 두부를 넣어 끓이다가 달래를 넣어 한소끔 끓인다.

5 **4**에 다진 파와 고춧가루를 넣어 한소끔 더 끓인다.

+ PLUS MENU

달래전

Ready ··· 달래 1/2줌, 양파 1/3개, 당근 1/4개, 부침가루 1컵, 달걀 1개,
물 · 올리브유 · 소금 약간씩

Recipe

❶ 달래는 다듬어 씻은 후 3~4cm 길이로 썬다.

❷ 양파와 당근은 잘게 다진다.

❸ 볼에 부침가루와 달걀을 넣고 물을 넣어 농도를 맞춘다.

❹ ❸에 ❶, ❷를 넣고 섞어 반죽하고 소금으로 간을 한다.

❺ 팬에 올리브유를 두르고 ❹를 떠 넣어 노릇하게 지진다.

상추겉절이

상추는 비타민 A·B_1·B_2, 철분, 칼슘, 미네랄이 들어 있어 신진대사를
촉진시켜 주어 우리 몸에 아주 좋아요. 상추 줄기에 함유된 알칼로이드 성분은
신경안정 작용을 하여 잠이 잘 오게 해요.

 **Ready**

재료 상추 1줌
소스 간장 1큰술, 멸치액젓 1큰술, 다진 마늘 1큰술, 통깨 1큰술, 매실청 1큰술, 식초 1큰술, 참기름 1큰술, 고춧가루 0.7큰술

 **Recipe**

1 상추는 깨끗이 씻어 물기를 뺀 다음 적당한 크기로 뜯는다.

2 소스 재료를 모두 섞는다.

3 볼에 **1**과 **2**를 담아 버무린다.

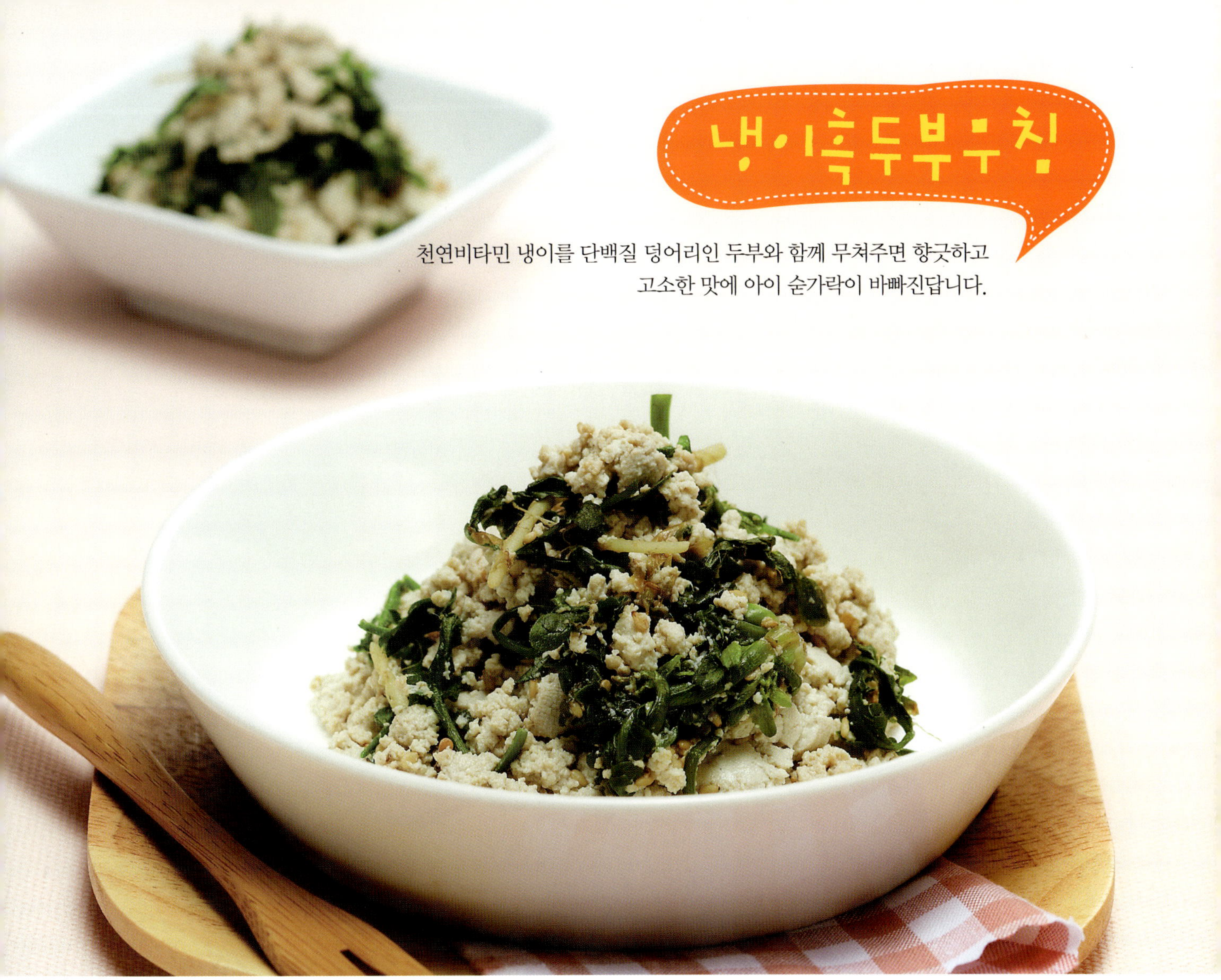

냉이흑두부무침

천연비타민 냉이를 단백질 덩어리인 두부와 함께 무쳐주면 향긋하고 고소한 맛에 아이 숟가락이 바빠진답니다.

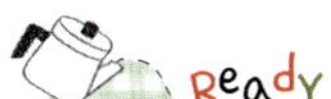

Ready

재료 냉이 1줌, 흑두부 작은 것 1모, 국간장 1/2큰술, 참기름 1큰술, 통깨 1큰술, 소금 약간

Recipe

1 냉이는 손질 후 살짝 데쳐 물기를 꼭 짜서 준비한다.
2 두부는 으깬 뒤 최대한 물기를 꼭 짠다.
3 볼에 **1**과 **2**를 담아 양념을 넣고 버무린다.

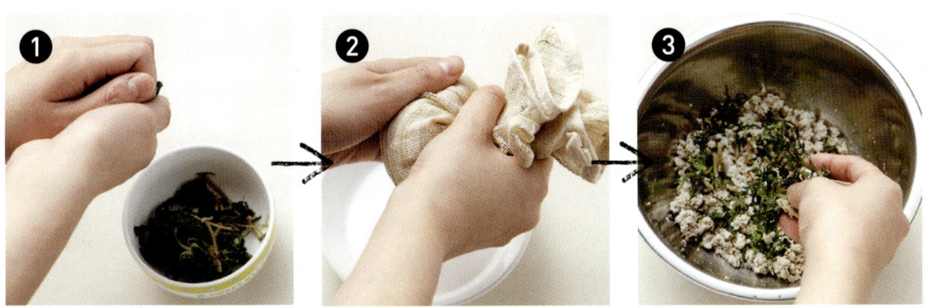

고춧가루가 들어가서 아이들이 잘 안 먹을 것 같지만
아삭한 오이와 함께 버무려 주면 매콤달콤한 맛에 의외로 잘 먹는답니다.
아이들이 먹기 좋은 크기로 잘라주세요. 도라지를 보관할 때는
껍질을 벗기지 않은 채 신문지에 싸서 바람이 잘 통하는 곳에 두어야 합니다.

재료

도라지 1줌

오이 1개

양파 1/2개

굵은 소금 1큰술

소스

고추장 0.5큰술

고춧가루 2큰술

간장 1큰술

매실청 1큰술

식초 1.5큰술

요리당 1큰술

통깨 0.5큰술

다진 마늘 0.5큰술

참기름 0.5큰술

Recipe

1 도라지는 껍질을 벗기고 얇게 썰어 굵은 소금을 넣어 주무른 후 10분 정도 둔다. 그리고 나서 찬물에 헹군 다음 다시 찬물에 5~10분 정도 담가 두었다가 물기를 짠다.

2 오이는 굵은 소금으로 문질러가며 씻고, 어슷 썬 후 가볍게 절여 물기를 꼭 짠다.

3 양파는 채 썰어 둔다.

4 소스 재료를 섞어서 준비한다.

5 볼에 재료를 넣고 소스를 넣어 버무려 준다.

PLUS MENU

도라지나물

Ready ··· 도라지 1줌, 다진 파 1큰술
양념 다진 마늘 0.5큰술, 들기름 1큰술, 조선간장 0.5큰술

Recipe

❶ 도라지는 껍질을 벗기고 얇게 썰어 굵은 소금을 넣어 주무른 후 10분 정도 둔다. 그러고 나서 찬물에 헹군 다음 다시 찬물에 5~10분 정도 담가 두었다가 물기를 짠다.

❷ 볼에 ❶과 양념을 넣어 버무린 후 팬에 들기름 약간 넣어 볶다가 다진 파를 넣어 한 번 더 살짝 볶아낸다.

더덕에 함유된 사포닌과 이눌린 성분은 폐와 신장을 보호해 주어요.
예로부터 한방에서는 더덕을 '기관지의 보약'이라 부를 만큼 기관지염, 편도선염,
후두염 등에 효과적이지요. 더덕을 쇠고기와 함께 말아 주면 맛있게 잘 먹어요.

재료

더덕 200g

쇠고기 300g

녹말가루 2큰술

고기 양념

간장 1큰술

설탕 0.5큰술

배즙 1큰술

다진 마늘 0.5큰술

소금 · 후춧가루 약간씩

더덕 밑간

참기름 1큰술

간장 0.5큰술

조림장

다시마 육수 1/2컵

간장 1.5큰술

청주 1큰술

매실청 0.5큰술

후춧가루 약간

Recipe

1 더덕은 껍질을 벗겨 씻은 뒤 2~3등분한 후 방망이로 두들겨 편다.

2 **1**의 더덕을 소금물에 잠시 담가 쓴맛을 우려내고 물기를 짠다.

3 **2**의 더덕을 밑간해 둔다.

4 쇠고기는 키친타올 위에 올려 핏물을 빼고 양념해 둔다.

5 **4**에 녹말가루를 솔솔 뿌린 뒤 밑간한 더덕을 올리고 돌돌 말아준다.

6 팬에 조림장을 넣은 뒤 **5**를 넣어 돌려가며 조린다.

PLUS MENU

더덕구이

Ready … 더덕 200g **양념장** 고추장 1큰술, 고춧가루 0.5큰술, 간장 1큰술,
물엿 1큰술, 다진 마늘 0.5큰술, 다진 파 1큰술
더덕 밑간 참기름 1큰술, 간장 0.5큰술

Recipe

❶ 더덕은 껍질을 벗겨 씻은 뒤 2~3등분한 후 방망이로 두들겨 편다.

❷ **❶**의 더덕을 소금물에 잠시 담가 쓴맛을 우려내고 물기를 짠다.

❸ **❷**의 더덕을 밑간해 둔다.

❹ **❸**을 초벌구이한다.

❺ 양념장을 고루 섞은 후 **❹**에 바른다.

❻ **❺**를 구워낸다.

취나물들깨무침

봄에 나오는 취나물은 맛과 향이 뛰어나요.
따뜻한 성질이 있어서 혈액순환을 촉진시키지요.
취나물과 들깨를 함께 섭취하면 맛도 있고 우리 몸에
더 잘 흡수된답니다. 아이도 고소한 맛에 잘 먹어요.

Ready

재료 취나물 1줌, 들깨가루 1큰술, 소금 약간

양념 조선간장 0.5큰술, 들기름 0.5큰술, 다진 마늘 0.5큰술, 깨소금 0.5큰술

Recipe

1 취나물은 줄기를 제거하고 소금을 넣은 끓는 물에 삶은 후 찬물에 헹궈 물기를 꼭 짠다.

2 볼에 **1**을 넣고 양념을 넣어 무치고, 모자란 간은 소금으로 한다.

3 **2**에 들깨가루를 뿌려 살살 무쳐준다.

마늘종에 들어 있는 알리신 성분은 면역 증강 작용과 항암 작용이 있어요.
또한 살균 작용으로 혈전 형성을 예방하고, 콜레스테롤 축적을 방지해 주지요.
고기를 좋아하는 아이들에게 고기와 같이 먹이면 좋아요.

Ready

재료 마늘종 1/2줌
양념 참치액젓 0.5큰술, 고추장 0.5큰술,
고춧가루 1/3큰술, 매실청 2큰술, 다진 마늘
0.5큰술, 식초 0.5큰술, 참기름 · 통깨 약간씩

Recipe

1 마늘종은 깨끗이 씻어 적당한 길이로 자른다.

2 끓는 물에 소금을 넣고 **1**을 넣어 데친 후 찬물에 헹궈 체에 밭쳐 물기를 뺀다.

3 볼에 양념 재료를 넣어 섞은 후 **2**를 넣어 무친다.

마늘종건새우볶음

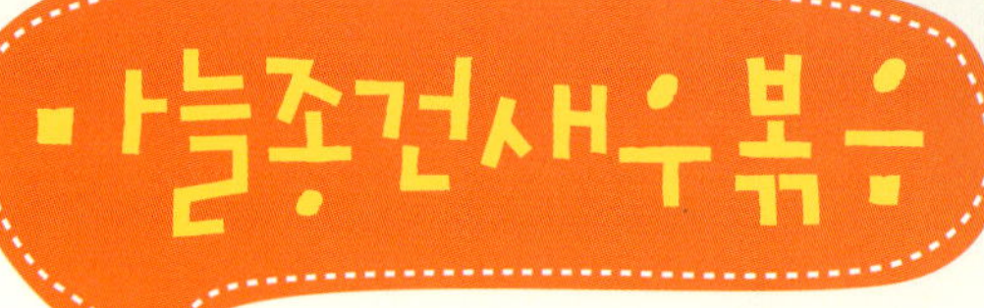

마늘종에는 항산화 성분과 혈액 순환을 좋게 해주는 마늘의 효능이 고스란히 들어 있어요. 마늘종에 건새우를 넣으면 맛도 좋아질 뿐 아니라, 마늘종에 부족한 단백질과 칼슘을 보충할 수 있어 일석이조랍니다. 마늘종은 굵기가 일정하고 단단한 것으로 구입하세요.

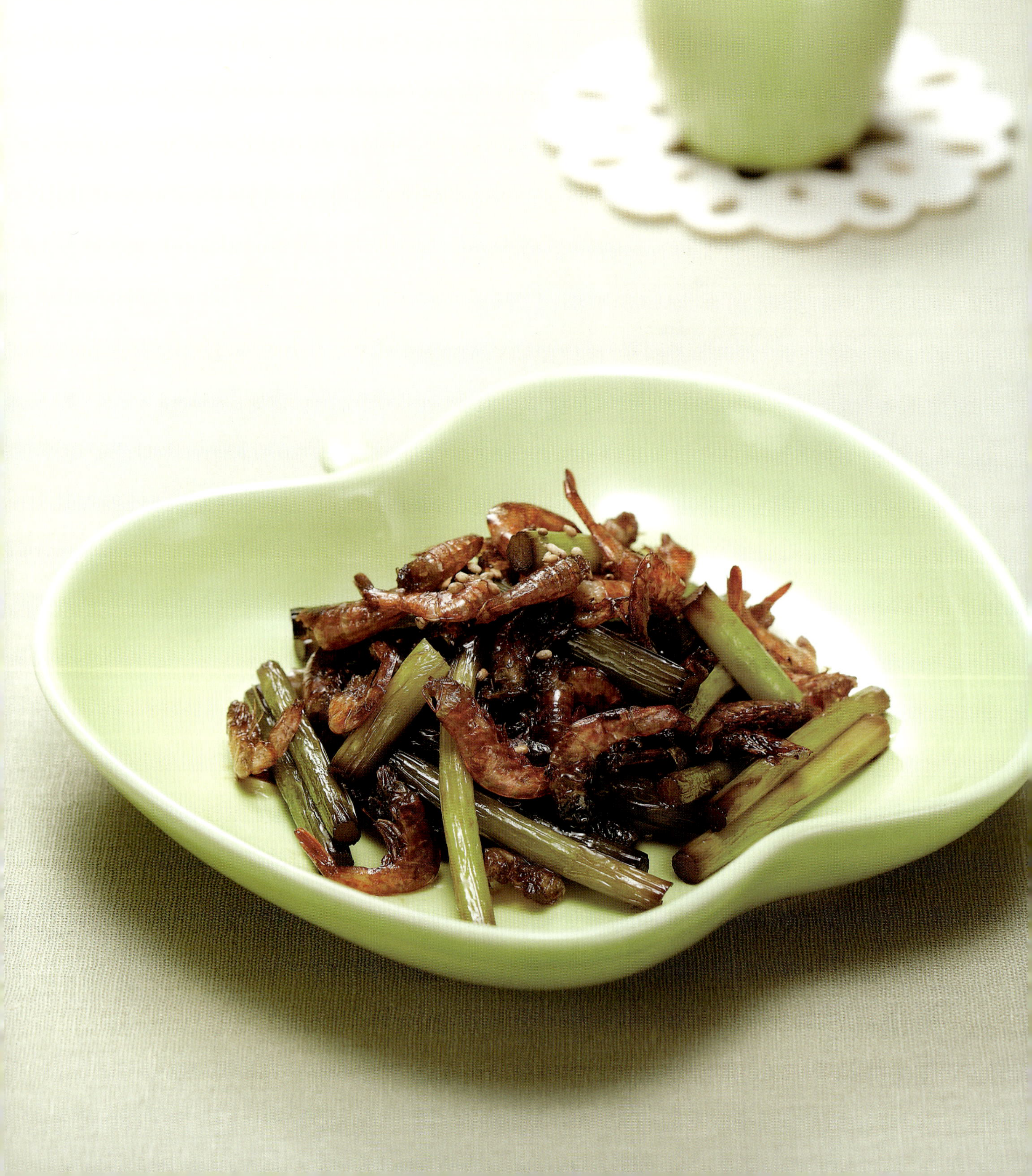

재료
마늘종 1줌
건새우 1줌
통깨 1큰술
참기름·올리브유
양념장
간장 2큰술
물엿 1큰술
청주 1큰술

1 마늘종은 깨끗이 씻어 약 5cm 길이로 자른 다음, 소금 약간 넣은 끓는 물에 살짝 데쳐 찬물에 헹군다.

2 건새우는 비닐봉지에 담아 비빈 다음 체에 넣어 이물질을 제거한다.

3 팬에 기름을 살짝 두르고 양념장을 넣어 바글바글 끓으면 마늘종을 넣고 양념이 스며들도록 충분히 볶는다.

4 마늘종에 간이 배면 건새우를 넣어 살짝 볶는다.

5 4에 참기름과 통깨를 넣는다.

PLUS MENU

마늘종어묵조림

Ready … 마늘종 5줄기, 어묵 100g, 양파 1/2개, 당근 1/5개, 대파 1/2대, 참기름·통깨 약간씩
조림장 물 1/2컵, 간장 1.5큰술, 설탕 0.5큰술, 물엿 0.5큰술

Recipe
❶ 마늘종은 깨끗이 씻어 약 5cm 길이로 자른 다음, 소금 약간 넣은 끓는 물에 살짝 데쳐 찬물에 헹군다.
❷ 어묵은 마늘종 길이와 비슷하게 썰고, 양파와 당근은 채 썰고, 대파는 어슷 썬다.
❸ 팬에 조림장을 넣어 끓으면, 마늘종을 넣고 조려서 간이 배게 한다.
❹ ❸에 어묵, 양파, 대파를 넣어 조린 후 간이 배어들면 참기름과 통깨를 넣는다.

삼치는 단백질과 칼슘이 풍부하여 어린이 성장 발육에
좋아요. 또한 삼치나 고등어 등 등푸른 생선에 함유된
DHA는 성장기 아이들의 두뇌 발달에 도움을 주지요.

재료

삼치 1마리

생강즙 2큰술

소금 · 후춧가루 약간씩

양파 1/2개

녹말가루 1큰술

유자 소스

유자청 2큰술

간장 2큰술

설탕 1큰술

청주 3큰술

물 5큰술

1 삼치는 손질 후 넓적하게 잘라 생강즙, 소금, 후춧가루를 뿌려 밑간을 한다.

2 **1**에 녹말가루를 입혀 구워 준다.

3 양파는 채 썰어 준비한다.

4 팬에 유자 소스를 넣고 채 썬 양파를 넣어 바글바글 끓인다.

5 **4**에 구운 삼치를 넣고 소스가 잘 스며들도록 조린다.

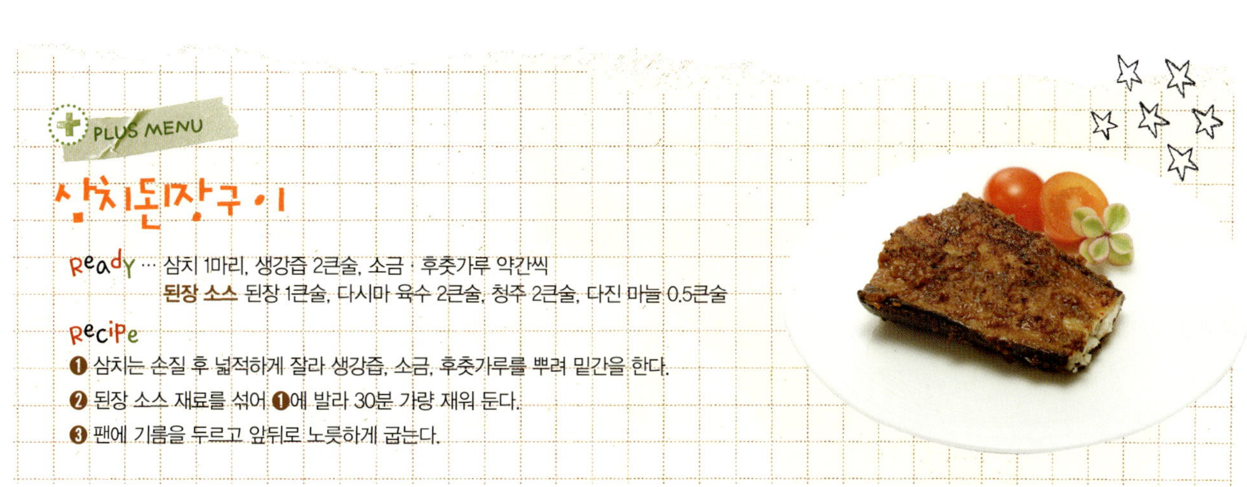

삼치된장구이

 ··· 삼치 1마리, 생강즙 2큰술, 소금 · 후춧가루 약간씩
된장 소스 된장 1큰술, 다시마 육수 2큰술, 청주 2큰술, 다진 마늘 0.5큰술

❶ 삼치는 손질 후 넓적하게 잘라 생강즙, 소금, 후춧가루를 뿌려 밑간을 한다.

❷ 된장 소스 재료를 섞어 ❶에 발라 30분 가량 재워 둔다.

❸ 팬에 기름을 두르고 앞뒤로 노릇하게 굽는다.

미나리는 단백질, 철분, 칼슘, 인 등 무기질이 풍부한
알칼리성 건강 식품으로 빈혈과 변비 예방에 효과적이에요.
새콤달콤한 미나리오징어무침으로 나른한 봄
아이들 입맛을 살려 주세요.

재료

미나리 1/2줌

오징어 1마리

양파 1/2개

양념장

고추장 1큰술

고춧가루 1큰술

매실청 1큰술

식초 1큰술

다진 마늘 0.5큰술

참기름 0.5큰술

통깨 1큰술

Recipe

1 미나리는 끓는 물에 소금 약간 넣어 데쳐서 찬물에 헹군 후 약 5cm 길이로 잘라 물기를 꼭 짠다.

2 오징어는 칼집을 내어 먹기 좋은 크기로 잘라 데친다.

3 양파는 채 썰어 준비한다.

4 양념장을 섞은 후 **1**, **2**, **3**을 넣어 무친다.

PLUS MENU

미나리나물

Ready … 미나리 1줌, 양파 1/2개, 당근 1/5개
양념 다진 마늘 0.5큰술, 국간장 0.5큰술, 참기름 0.5큰술, 소금 · 통깨 약간씩

Recipe
❶ 미나리는 끓는 물에 소금 약간 넣어 데쳐서 찬물에 헹군 후 약 5cm 길이로 잘라 물기를 꼭 짠다.
❷ 양파와 당근은 채 썬다.
❸ 볼에 ❶, ❷를 담고 양념을 넣어 조물조물 무친다.

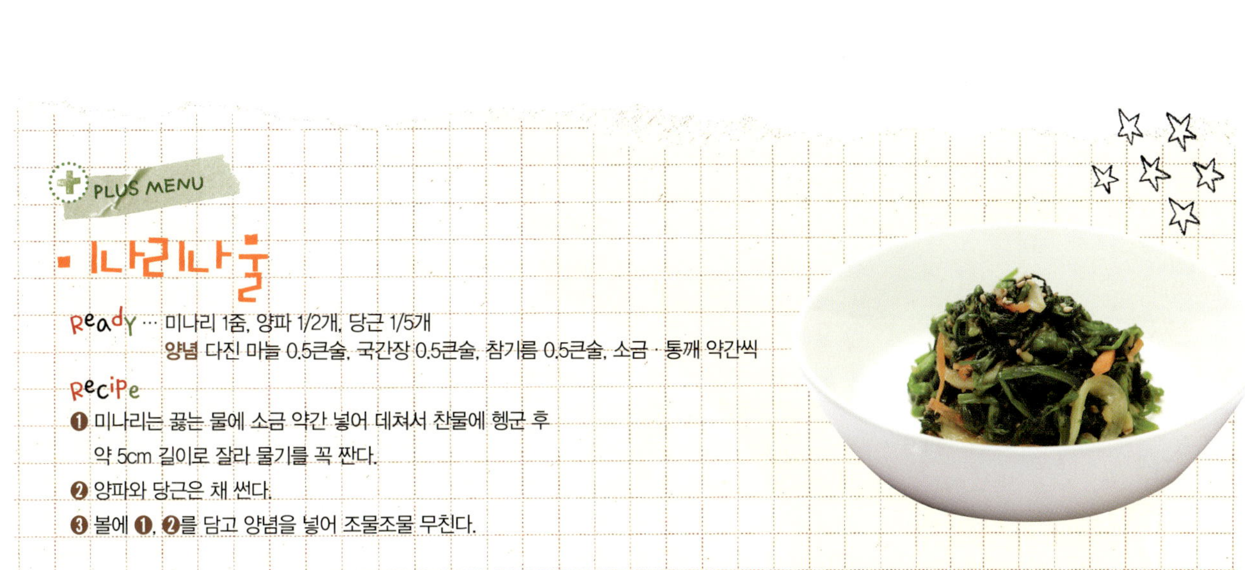

미나리 콩나물무침

아이들은 아삭한 콩나물무침을 좋아해요.
여기에 초록빛 미나리를 넣어 함께 무쳐보세요.
미나리는 떫은 맛이 강해 살짝 데쳐 찬물에 담갔다가 사용해야 해요.
보관할 때는 신문지에 싸서 비닐에 넣은 후 냉장실에 세워 두세요.

재료

미나리 1/3줌

콩나물 1줌

다진 마늘 0.5큰술

다진 파 1큰술

참기름 0.5큰술

들깨가루 1큰술

통깨 · 소금 약간씩

1 미나리는 흐르는 물에 깨끗이 씻어 손질 후 끓는 물에 소금을 넣고 데쳐 물기를 빼고 먹기 좋게 썬다.

2 콩나물은 다듬어 씻은 후 끓는 물에 소금을 넣고 뚜껑을 덮어 삶는다.

3 **2**의 콩나물이 익으면 잠시 뜸을 들인 후 체에 밭쳐 물기를 뺀다.

4 볼에 미나리와 콩나물을 담고 나머지 재료를 넣어 버무리고 소금으로 간한다.

Tip

미나리는요,

미나리는 비타민 A · B_1 · B_2 · C가 많이 함유되어 있는 알칼리성 식품이에요. 식이섬유가 풍부해서 변비 예방에도 좋으며 독소 배출 및 해독 작용을 한답니다. 봄철 아이들 몸에 활력을 주는 채소입니다. 미나리전이나 미나리김밥 등 아이들 요리에 다양하게 활용해 주세요.

오징어를 고를 때는 몸통이 희고 투명하며 윤기가 돌고
껍질에 상처가 없는 것이 좋아요. 보관할 때는 내장 · 눈 · 빨판을
제거한 후 깨끗이 씻어 다리와 몸통을 분리하고 랩으로
한 마리씩 포장하여 냉동실에 넣어 두세요.

재료

오징어 1/2마리

피망 1/2개

양파 1/2개

당근 1/4개

부침가루 1.5컵

달걀 1개

물 · 올리브유 · 소금 약간씩

Recipe

1 오징어는 손질 후 깨끗히 씻어 잘게 다진다.

2 피망, 양파, 당근도 잘게 다진다.

3 볼에 부침가루와 달걀을 넣고 물을 부어가며 반죽한다. 그 다음 준비한 재료를 넣어 섞고 소금으로 간을 한다.

4 팬에 올리브유를 두르고 **3**을 동그랗게 떠 넣어 노릇하게 지진다.

PLUS MENU

오징어채소볶음

Ready … 오징어 1마리, 양파 1/2개, 당근 1/3개, 미나리 1/3줌, 파 1/2대, 통깨 · 올리브유 약간씩
소스 고추장 1큰술, 간장 0.8큰술, 고춧가루 1/2큰술, 물엿 1큰술, 청주 1큰술, 다진 마늘 1/2큰술, 참기름 약간

Recipe

❶ 오징어는 손질 후 씻어 먹기 좋은 크기로 썬다.

❷ 양파와 당근은 채 썰고 파는 어슷 썬다.

❸ 미나리는 손질 후 양파와 당근 길이 정도로 썬다.

❹ 소스를 만들어 오징어를 미리 재워둔다.

❺ 팬에 오일을 두르고 당근을 넣어 볶다가 ❹를 넣어 볶는다.

❻ ❺에 양파를 넣고 오징어가 익어갈 무렵 미나리와 대파를 넣는다.

❼ ❻을 재빨리 볶아내고 통깨를 뿌린다.

아이들이 성장하기 위해 꼭 먹어야 하는
필수아미노산이 들어 있는 새우를 칼슘이 많은 달래와
무쳐 봤어요. 통통한 새우살과 쌉싸름한 달래가
잘 어울려요. 봄나물은 정말 보약 같아요.

Ready

재료 달래 1줌, 새우살 1줌, 양파 1/2개
양념장 고춧가루 1큰술, 간장 1큰술, 설탕
0.5큰술, 다진 마늘 0.5큰술, 참기름 0.5큰
술, 통깨 약간

Recipe

1 달래는 다듬어 씻은 후 2~3cm 길이로 썰어서 물기를 뺀다.

2 양파는 채 썬다.

3 새우살은 끓는 물에 소금을 넣고 살짝 삶는다.

4 볼에 **1, 2, 3**을 담고 양념장을 넣어 무친다.

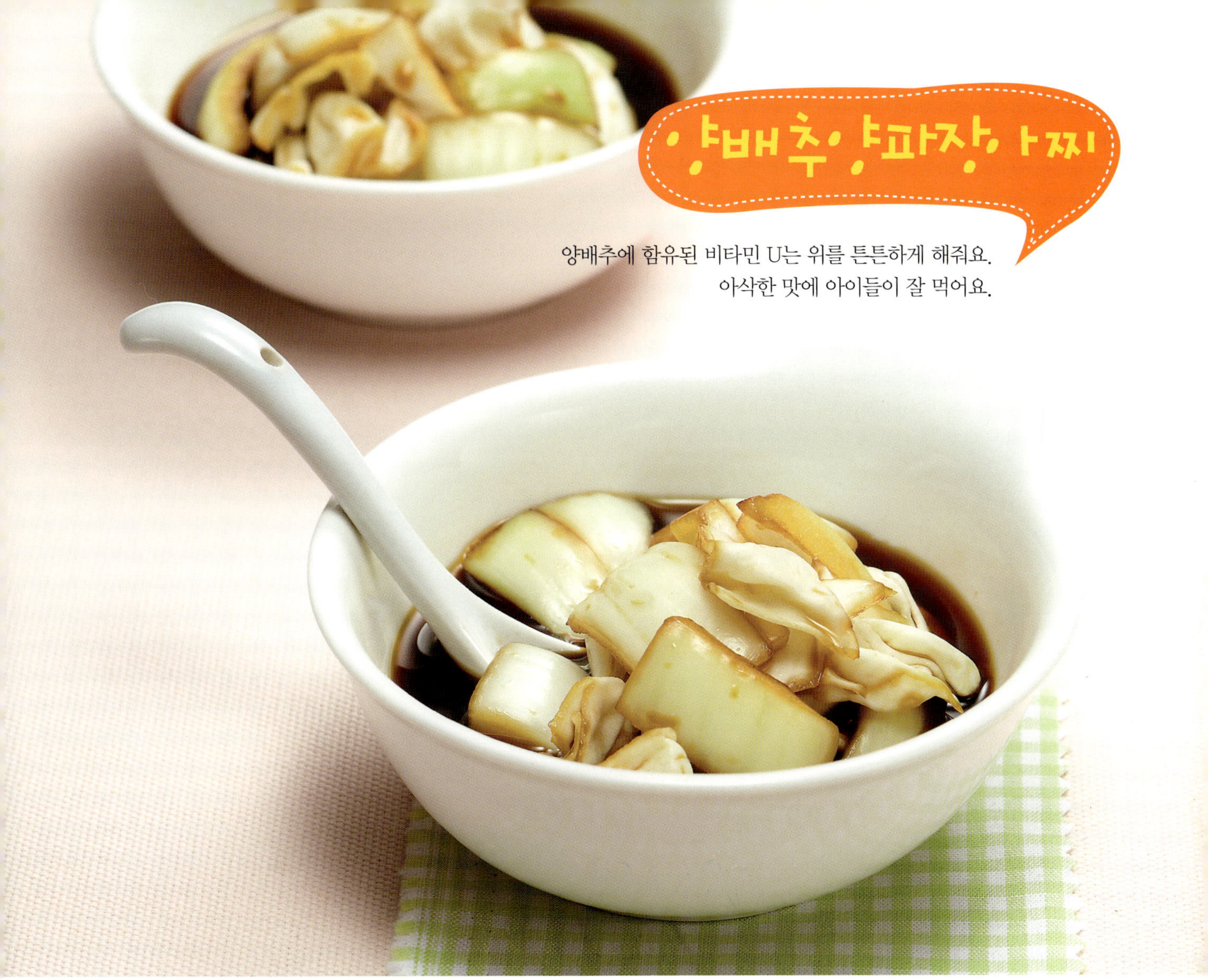

양배추 양파장아찌

양배추에 함유된 비타민 U는 위를 튼튼하게 해줘요.
아삭한 맛에 아이들이 잘 먹어요.

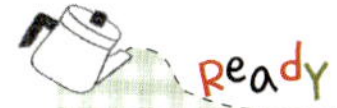

Ready

재료 양배추 1/2통, 양파 2개

절임장 간장2:설탕1:청주1:식초1의 비율로 재료가 잠길 정도의 양

Recipe

1 양배추와 양파는 먹기 좋은 크기로 썬다.

2 냄비에 식초를 제외한 재료를 넣어 끓인다.

3 **2**가 팔팔 끓으면 식초를 넣어 부르르 끓인 다음 불을 끈다.

4 유리병에 **1**을 넣은 후 **3**이 뜨거울 때 붓는다.

5 며칠 뒤, 익으면 먹는다.

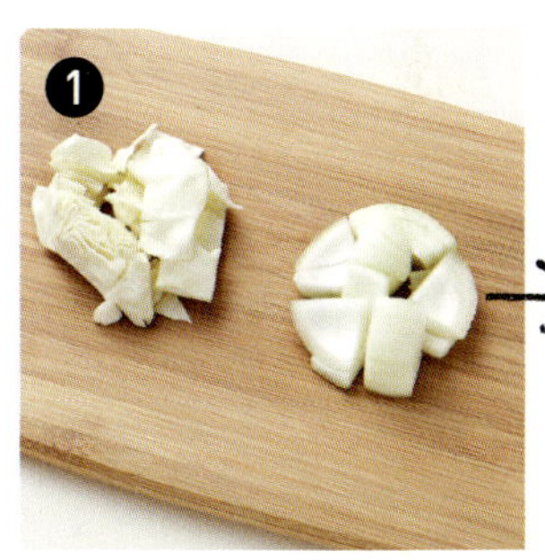

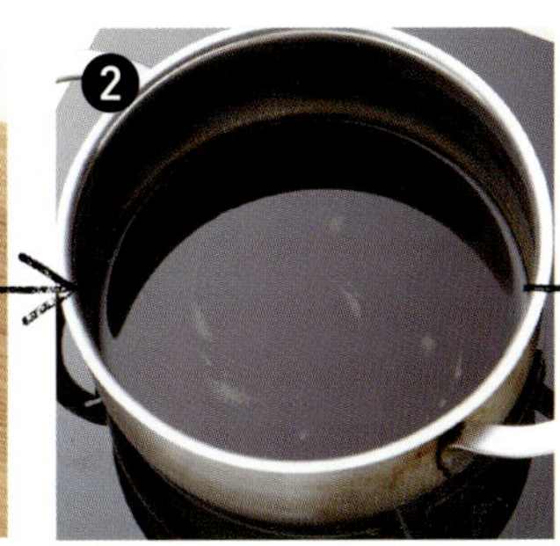

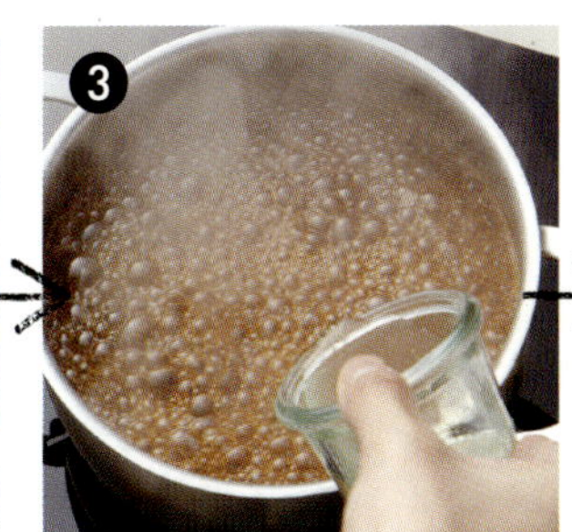

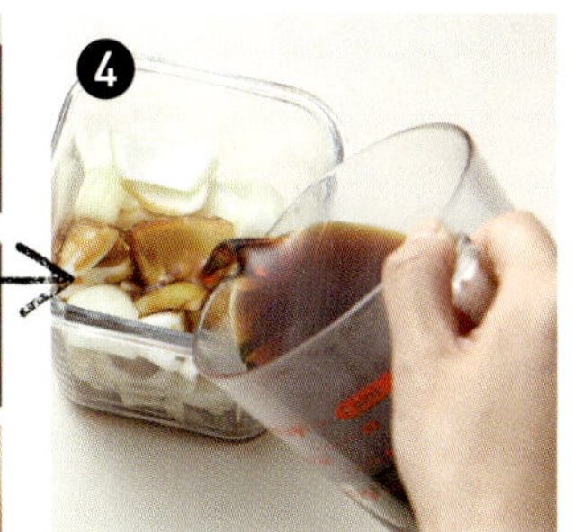

부추는 채소 중 비타민 A가 많이 들어 있어 아이들 건강에 좋아요.
바지락에 들어 있는 타우린은 아이들 두뇌를 발달시켜 주지요.
칼국수에 감칠맛 나는 바지락과 부추를 넣어 보세요. 후루룩 잘도 먹지요.

재료

부추 1/3줌

바지락 1/2줌

칼국수면 2인분

애호박 1/3개

당근 1/4개

다진 파 1큰술

다진 마늘 0.5큰술

국간장 · 소금 약간씩

멸치 육수 6컵

Recipe

1 멸치 육수를 끓인다.

2 부추는 손질해 씻어서 3~4cm로 썰고, 바지락은 소금물에 해감한다.

3 애호박과 당근은 채 썰어 준비한다.

4 육수가 끓으면 칼국수를 물에 살짝 헹궈 넣는다.

5 **4**에 해감한 바지락을 넣고, 바지락이 입을 벌리면 애호박, 당근, 부추를 넣어 끓인다.

6 **5**에 다진 마늘을 넣고 국간장과 소금으로 간한 후 다진 파를 넣는다.

+ PLUS MENU

부추무침

Ready …부추 1줌

소스 간장 0.5큰술, 멸치액젓 1큰술, 다진 마늘 1큰술, 통깨 1큰술, 매실청 1.5큰술, 식초 1큰술, 참기름 1큰술, 고춧가루 0.7큰술

Recipe

❶ 부추는 깨끗이 씻어 4~5cm 길이로 썬다.

❷ 소스 재료를 모두 섞는다.

❸ 볼에 **❶**과 **❷**를 담아 버무린다.

시금치에는 칼슘의 흡수를 방해하는 수산 성분이 함유되어
있어요. 따라서 날것보다는 데쳐서 먹는 것이 좋은데,
국거리로는 잎이 크고 줄기가 긴 것이 좋고, 나물용으로는
짤막하면서 뿌리 부분이 붉은 것이 좋답니다.

재료

시금치 1/2줌

들깨가루 2큰술

중력분 2컵

물 적당량

올리브유 · 소금 약간씩

감자 1개

애호박 1/3개

대파 1/2대

다진 마늘 0.5큰술

국간장 · 소금 약간씩

멸치다시 육수 6컵

Recipe

1 시금치는 다듬어 깨끗이 씻은 후, 믹서에 물을 약간 부어 곱게 갈아놓는다.

2 볼에 중력분과 **1**을 넣고 올리브유, 소금을 넣는다. 물을 아주 조금씩 부어가며 수제비 반죽을 한다. 반죽이 완성되면 비닐에 넣어 냉장실에서 1시간 정도 숙성시킨다.

3 감자는 반으로 갈라 납작하게 썰고, 애호박은 반달 썰고, 대파는 어슷 썬다.

4 냄비에 멸치다시 육수를 낸 다음, 수제비 반죽을 얇게 떼어 넣는다.

5 **4**에 감자를 넣어 끓이다가 애호박을 넣어 끓인다.

6 **5**에 다진 마늘을 넣고 국간장과 소금으로 간을 한 후 대파를 넣고 들깨가루를 넣어 저으면서 끓인다.

시금치들깨무침

Ready … 시금치 1/2줌 **소스** 들깨가루 1큰술, 다진 마늘 1/3큰술, 들기름 1큰술

Recipe

1 시금치를 다듬은 후 끓는 물에 소금을 약간 넣어 재빠르게 데친 다음 찬물에 헹궈 물기를 짠다.

2 들깨 소스 재료를 섞는다.

3 볼에 **1**을 담고 **2**를 넣어 조물조물 무친다.

부추는 따뜻한 성질을 가진 채소로 혈액순환을 돕고
몸을 따뜻하게 해줘요. 또한 부추의 아릴이라는 성분은
소화를 돕고 장을 튼튼하게 해주지요.
부추에 고추장을 넣고 지글지글 부침개를 지져내면
고소한 맛에 아이들 젓가락이 바빠지지요.

재료

부추 1/2줌

양파 1/2개

홍고추 1/2개

부침가루 1컵

찹쌀가루 1큰술

고추장 0.5큰술

물 적당량

1 부추는 다듬어 씻은 다음 3~4cm 길이로 썬다.

2 양파는 채 썰고 홍고추는 어슷 썬다.

3 볼에 부침가루, 찹쌀가루, 고추장을 넣고 물을 조금씩 부어가며 걸쭉하게 반죽한다.

4 **3**에 **1**, **2**를 넣고 섞는다.

5 팬에 올리브유를 두르고 **4**를 동그랗게 떠 넣어 노릇하게 지진다.

Tip

부추를 먹이는 방법

아이들에게 채소를 먹이는 게 쉽지 않지요. 부추 역시 그럴 수 있어요. 방법은 있어요. 자주 먹는 요리에 살짝 넣어 같이 요리하는 거예요. 부추달걀말이, 부추볶음밥, 부추잡채 등 말이죠. 부추를 보관할 때는 씻지 않은 상태로 신문지에 싼 다음 비닐에 넣어 냉장실에 넣어 두세요.

닭가슴살샐러드

양상추는 날로 먹어야 영양 손실을 최소화할 수 있으므로 샌드위치나 샐러드로
만들어 먹는 것이 좋아요. 손질한 양상추는 얼음물에 담가 두었다가
먹기 직전 건져서 물기를 빼주면 훨씬 아삭한 맛을 살리 수 있어요.
담백한 닭가슴살에 채소류를 넣고 드레싱을 얹으면 풍성한 샐러드가 됩니다.

재료

손바닥 크기의 닭 가슴살

우유 1컵

어린잎채소 약간

양파 1/4

양상추 약간

방울토마토 4개

슬라이스아몬드 적당량

소스

씨겨자(홀그레인머스터드) 1큰술

올리브오일 1큰술

발사믹식초 2큰술

레몬즙 0.5큰술

파슬리 가루 약간

1 닭 가슴살은 우유에 재워 두었다가 찜통에 쪄서 얇게 찢는다.

2 양파는 채 썰고 양상추는 적당한 크기로 찢는다. 어린잎채소, 방울토마토, 슬라이스아몬드도 적당량 준비한다.

3 볼에 모든 재료를 담고 소스 재료를 섞어 부어준다.

닭가슴살 요리는요,

고단백 저칼로리의 대명사, 닭가슴살은 '몸짱'들의 대표적인 먹을거리지요. 아이들은 물론 엄마들에게도 좋아요. 요즘엔 닭가슴살도 캔으로 나와 있어서 요리할 때 편해졌어요. 닭가슴살볶음밥도 금방 만들 수 있답니다. 고단백 식품이니 아이들 요리에 자주 활용하세요.

닭안심냉이전

부드러운 닭 안심에 향긋한 냉이가 들어간 전은 엄마인 저도 좋아합니다.
봄철 냉이가 한창일 때 냉이국, 냉이무침만 하지 마시고 이렇게 전으로 만들어보세요.
냉이는 뿌리가 너무 굵지 않고 연하면서 줄기가 작고 향이 진한 것으로 구입하세요.

재료

닭 안심 4~5조각

냉이 1/2줌

당근 1/4개

부침가루 1.5컵

달걀 1개

물 · 올리브유 · 소금 적당량

닭 안심 밑간

청주 · 소금 · 후춧가루 약간씩

1 닭 안심은 잘게 다진 후 밑간해 둔다.

2 냉이는 손질 후 씻어 잘게 썰고, 당근도 잘게 썬다.

3 볼에 부침가루와 달걀을 넣고 물을 부어가며 반죽한 후 준비한 재료를 넣어 섞고 소금으로 간을 한다.

4 팬에 올리브유를 두르고 3을 떠 넣어 노릇노릇하게 지진다.

닭안심냉이볶음밥

Ready … 밥 2공기, 닭 안심 3조각, 냉이 1/2줌, 당근 1/4개, 양파 1/2개, 피망 1/4개, 올리브유 · 소금 · 후춧가루 · 참기름 약간씩

닭 밑간 청주 · 소금 · 후춧가루 약간씩

Recipe

❶ 닭 안심을 잘게 다진 후 밑간해 둔다.

❷ 냉이는 손질 후 씻어 잘게 다지고, 당근 · 피망 · 양파도 잘게 다진다.

❸ 팬에 올리브유를 두르고 당근을 볶다가 ❶을 넣어 볶는다.

❹ ❸에 피망, 양파를 넣어 볶다가 밥을 넣어 섞어가며 볶는다.

❺ ❹를 소금, 후춧가루로 간을 하고 참기름을 넣어 섞어가며 볶는다.

향긋한 쑥갓에 잔멸치를 넣고 부침가루에 잘 섞어
전을 부쳐 내면 바삭하고 고소한 맛에 환호하지요.
쑥갓을 보관할 때는 분무기로 물을 뿌린 후
신문지에 싸서 냉장고에 넣어 둡니다.

재료

쑥갓 1/2줌

잔멸치 1/2컵

양파 1/2개

부침가루 1컵

달걀 1개

물 · 올리브유 적당량

1 쑥갓은 다듬어 씻어 2~3cm 길이로 썰고, 양파는 잘게 다진다.

2 잔멸치는 마른 팬에 살짝 볶아 체에 걸러 불순물을 없앤다.

3 볼에 부침가루와 달걀을 넣고 물을 넣어 농도를 맞춘다.

4 **3**에 **1**, **2**를 넣고 섞어 반죽한다.

5 팬에 올리브유를 두르고 **4**를 떠 넣어 노릇하게 지진다.

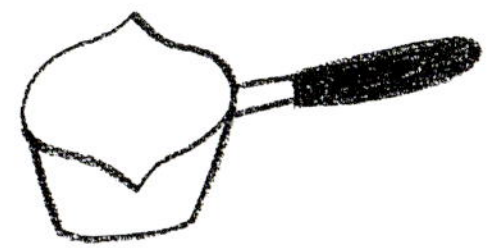

잔멸치 요리는요,

잔멸치는 멸치볶음 외에 채소류를 섞어 전을 부쳐주면 아이들이 잘 먹어요. 이때 채소는 시금치,
파프리카 등이 좋아요. 또 주먹밥을 만들 때도 잔멸치를 넣어주면 멸치를 많이 먹일 수 있어요.

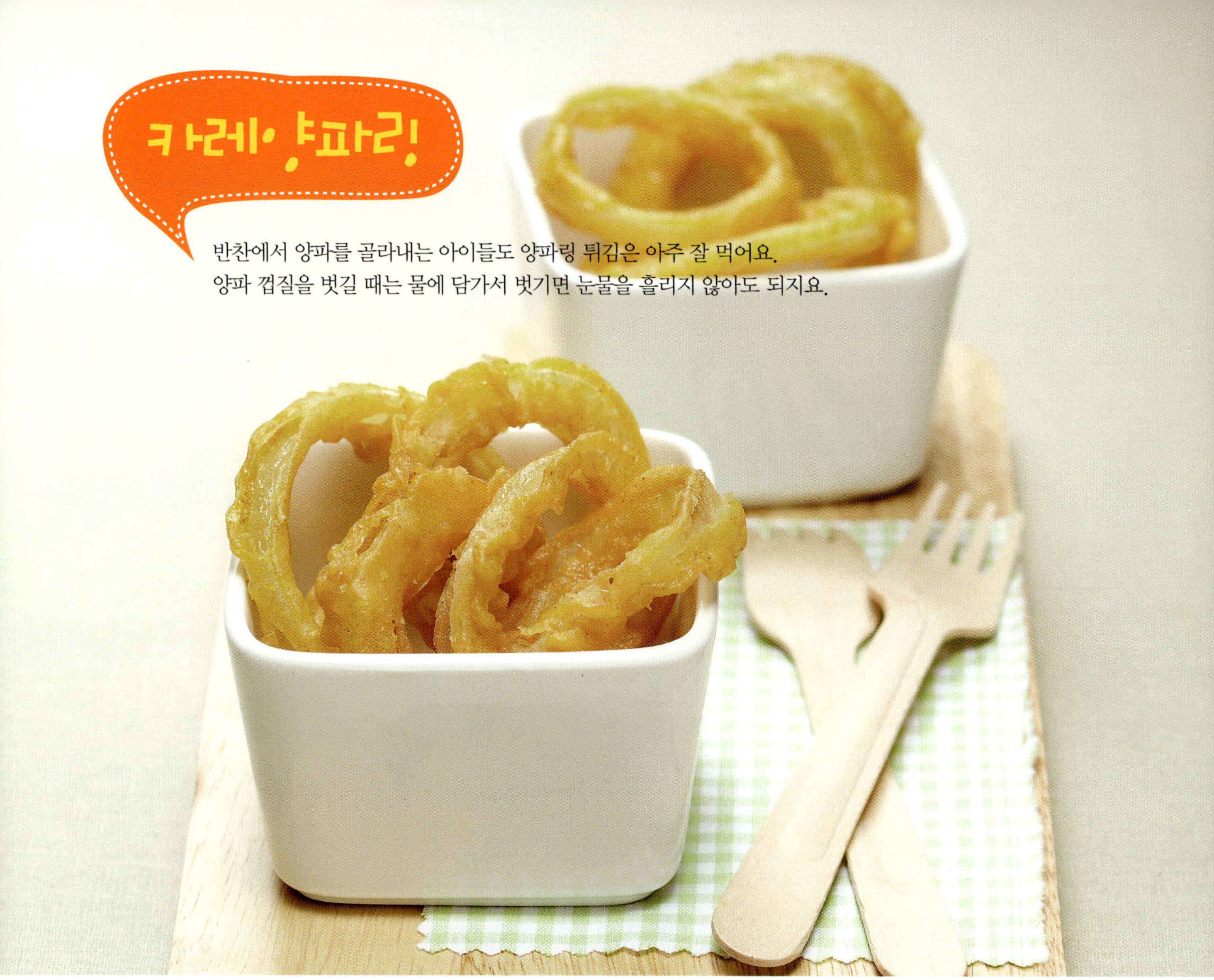

카레양파링!

반찬에서 양파를 골라내는 아이들도 양파링 튀김은 아주 잘 먹어요.
양파 껍질을 벗길 때는 물에 담가서 벗기면 눈물을 흘리지 않아도 되지요.

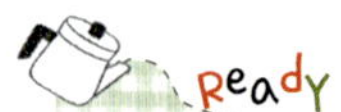

Ready

재료 양파 2개, 카레가루 1큰술, 튀김가루 1컵, 물 적당량

Recipe

1 양파는 링 모양으로 썬다.

2 카레가루와 튀김가루를 섞고 얼음물을 넣어 멍울이 없어지도록 젓는다.

3 **2**에 **1**을 담갔다가 160℃에서 튀긴다.

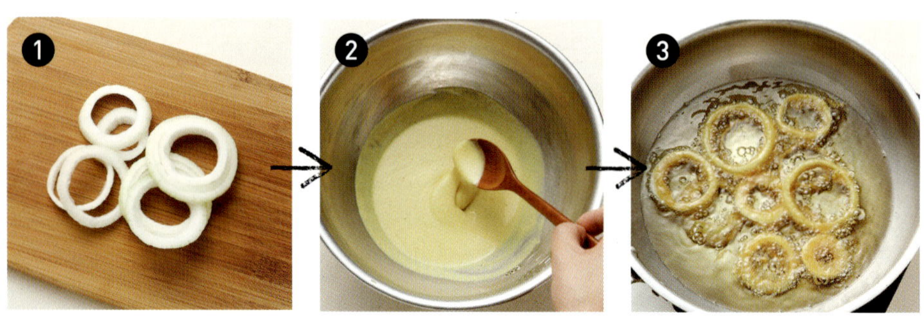

취나물채소튀김

뇌기능 향상에도 좋은 취나물을 아이들에게 먹이는
또 하나의 요리법은 바로 튀김이지요.

Ready

재료 취나물 1/2줌, 고구마 1개, 당근 1/3개, 깻잎 10장, 양파 1/2개, 튀김가루 1.5컵, 달걀 1개, 얼음물 · 식용유 적당량

Recipe

1 취나물은 다듬어 씻어 물기를 빼고, 깻잎은 얇게 채 썬다.

2 당근, 고구마, 양파도 채 썬다.

3 튀김가루에 얼음물과 달걀을 넣어 멍울이 없도록 튀김옷을 만든다.

4 **3**에 **1**, **2**를 넣어 버무린다.

5 **4**를 적당한 크기로 떠 넣어 튀긴다.

딸기에는 비타민 C가 많아서
하루에 5~10개만 먹어도 하루 필요한 비타민 C를
얻을 수 있어요. 특히 유제품과 함께 먹으면
딸기에 부족한 칼슘을 보충할 수 있어 더욱
좋아요. 딸기를 씻을 때는 소금물이나
식초 물에 헹궈 주세요.

재료

딸기 300g

생크림 3컵

크레이프 반죽

박력분 100g

우유 180g

달걀 1개

설탕 20g

버터 30g

1 박력분을 체에 쳐 거른다.

2 볼에 상온에서 녹인 부드러운 버터를 넣고 달걀을 넣어 거품기로 푼다.

3 **2**에 설탕을 넣고 우유를 부어가며 설탕이 녹을 정도로 거품기로 젓는다.

4 **3**에 **1**의 박력분을 조금씩 넣어가며 반죽한다.

5 딸기는 납작하게 썰고 생크림을 준비한다.

6 팬에 오일을 살짝 두르고 반죽을 부어 얇게 부쳐낸다.

7 **6**의 크레이프 한장에 생크림을 바르고 딸기를 얹은 다음, 다른 크레이프 1장을 덮어 먹기 좋게 자른다.

딸기요거트아이스크림

 … 딸기 300g, 플레인요구르트 3통, 꿀 2큰술, 설탕 100g, 생크림 150g

❶ 딸기는 깨끗이 씻어 꼭지를 제거하고 반으로 갈라 믹서에 간다.

❷ **❶**에 플레인요구르트와 꿀을 넣어 거품기로 잘 섞는다.

❸ 생크림은 70% 정도를 **❷**에 넣고, 나머지는 설탕을 넣어 섞는다.

❹ 통에 담아 냉동실에 얼리고, 중간중간 꺼내 긁어주며 얼리기를 3~4회 반복한 후 하루 정도 냉동시킨다.

샌드위치를 만들 때 준비된 채소가 없을 때는
값비싼 채소 대신 상추를 넣어도 맛있어요.
상추를 고를 때는 잎이 연하고 짙은 녹색을 띠며
줄기 부분에 우윳빛이 도는 것이 좋아요.
씻을 때는 2장씩 겹쳐 흐르는 물에 여러 번 씻으세요.

재료

식빵 4장

상추 8장

달걀 2개

치즈 2장

베이컨 2줄

양파 1/2개

버터·마요네즈 약간

1 식빵에 버터를 발라 굽는다.

2 양파는 링 모양으로 썰어 버터에 살짝 볶는다.

3 달걀을 풀어 식빵 크기로 2장 부치고, 베이컨도 팬에 익힌다. 상추는 씻어 물기를 뺀다.

4 식빵에 마요네즈(소스)를 바른 다음 상추를 얹고, 그 위에 치즈·베이컨·양파·달걀 순으로 얹은 다음, 다시 상추를 얹고 식빵으로 덮는다.

5 먹기 좋은 크기로 자른다.

Tip

상추는요,

비티민이 풍부한 상추는 정말 유용한 채소예요. 상추는 섬유소가 풍부해 장운동에 좋아요. 상추의 비티민과 미네랄, 수분은 신진대사를 촉진해서 배변을 원활하게 해줘요. 또, 비타민 B도 풍부해서 피를 맑게 해주고 독소 배출 효능도 있어요. 철분도 많이 들어 있어서 빈혈 예방에도 좋답니다. 이렇게 좋은 상추를 아이들에게 많이 먹이자구요.

양배추는 날로 먹는 것이 가장 좋지만
아이들이 먹기 어려우니 먹기 좋은 크기로 썰어
좋아하는 소스에 버무려 주면 새콤달콤한 맛에 잘 먹어요.

재료

양배추 1/4통

양파 1/4개

빨강 · 노랑 파프리카 1/4개씩

피망 1/2개

삶은 옥수수알 3큰술

소스

마요네즈 3큰술

설탕 1큰술

식초 1.5큰술

허니머스터드소스 0.5큰술

소금 · 후춧가루 약간씩

1 양배추, 양파, 파프리카, 피망은 잘게 다진다.

2 삶은 옥수수알도 준비한다.

3 볼에 소스 재료를 넣어 섞은 후 **1**과 **2**를 넣어 버무린다.

4 **3**을 그릇에 담아 냉장실에 넣어 두었다가 먹는다.

양배추코울슬로 재료로 만드는 부침개

양배추코울슬로 재료에서 소스는 빼고, 부침가루와 달걀을 풀고, 소금과 후춧가루만 약간 넣은
다음 팬에 기름을 두르고 한 숟가락씩 떠 넣어 지지면 맛있는 부침개가 완성됩니다.

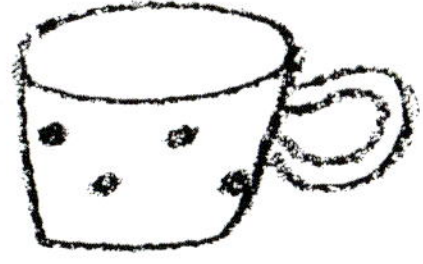

여름에는 푹푹 찌는 무더위에 땀이 비오듯 흐르고, 몸이 허약해지기 십상입니다.
이럴 때는 수분을 보충해주고 원기를 회복해 주는 음식을 먹어야 해요.
제철 재료를 이용해 아이들이 좋아하면서도
입맛도 돋우고 원기도 북돋아 주는 여름철 요리를 소개합니다.

현미에는 쌀눈과 쌀겨가 붙어 있어 칼슘, 철, 미네랄, 각종 비타민이
들어 있어요. 또한 식이섬유가 풍부하여 변비 예방에 도움을 주지요.
여기에 칼슘과 미네랄이 풍부한 아욱을 넣어 죽을 쑤면
영양 가득한 한 끼 식사가 될 수 있어요.

Ready

재료 현미 1.5컵, 물 6컵, 아욱 1/2줌, 당근 1/4개

Recipe

1 현미는 하루 전날 씻어 불려 두었다가 밥을 하기 전에 물을 갈아준다.

2 아욱은 부드러운 잎을 골라 작게 썰고 당근도 잘게 썬다.

3 냄비에 **1**을 넣고 물을 부어 죽을 쑨다.

4 **3**의 현미가 퍼지면 당근과 아욱을 넣어 저어가며 끓인다.

옥수수에는 비타민 A·B·C, 베타카로틴, 엽산 등이 들어 있고,
섬유질이 풍부해요. 이 중 비타민 B는 에너지를 높이고
스트레스에 대한 저항력을 높여 주지요.

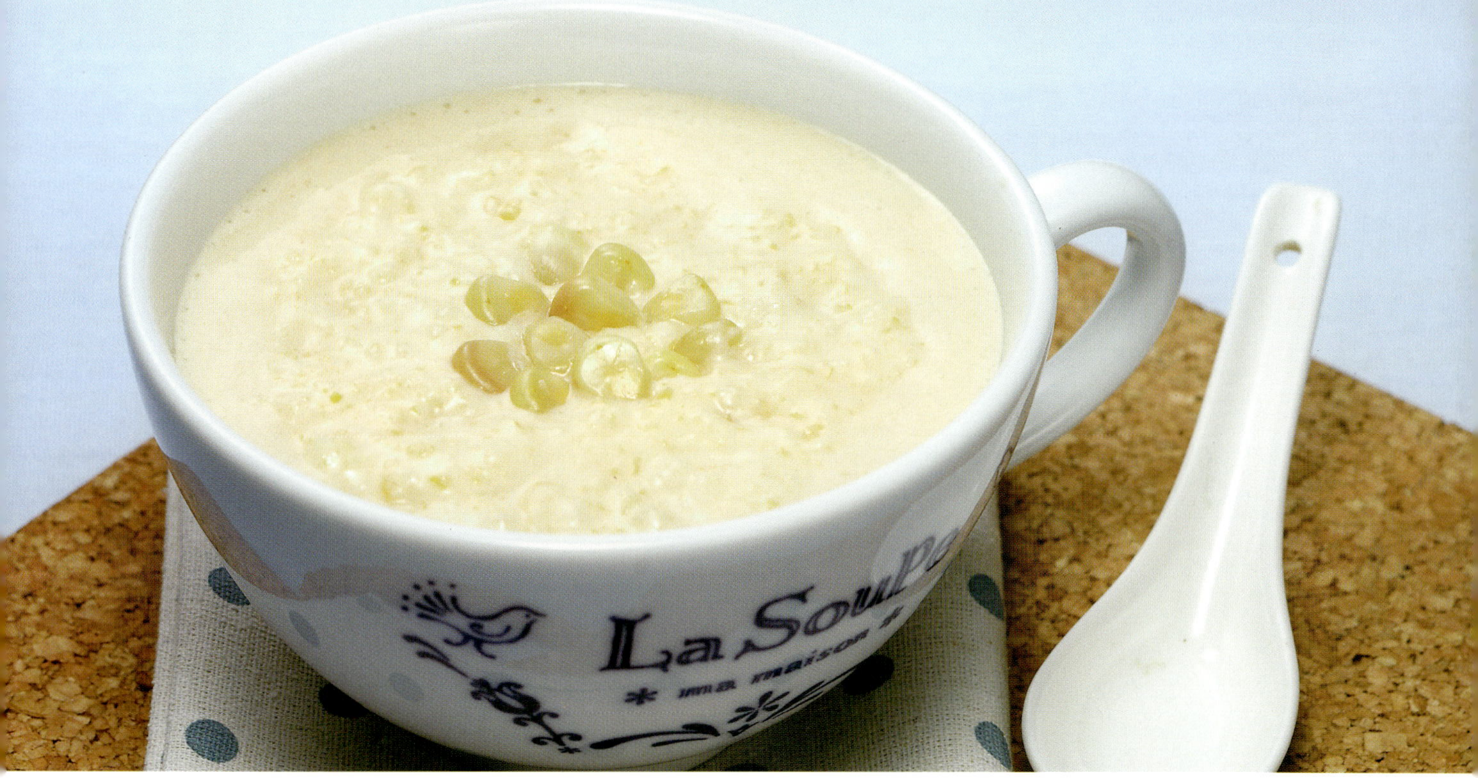

Ready

재료 삶은 옥수수알 2컵, 우유 1컵, 버터 1큰술, 밀가루 2큰술, 소금·흰 후춧가루 약간씩

Recipe

1 믹서에 삶은 옥수수알과 우유를 넣어 곱게 갈아준다.

2 팬에 버터를 두르고 밀가루를 넣어 볶다가 **1**을 넣어 걸쭉하게 끓인다.

3 **2**에 소금과 흰 후춧가루로 간을 한다.

애호박두부새우젓국

애호박 요리에 새우젓을 사용하면 호박이 뭉그러지지 않고 맛도 좋아요.
애호박과 새우는 서로 궁합이 좋은 식품으로 유명하답니다.

Ready

재료 애호박 1/2개, 두부 1/2개, 새우젓
1큰술, 멸치다시마 육수 4컵, 대파 1/2대,
다진 마늘 0.5큰술, 후춧가루 약간

Recipe

1 애호박은 반달 모양으로 썰고, 두부는 깍둑 썰고, 대파는 어슷 썬다.

2 냄비에 멸치다시마 육수를 붓고 끓어오르면 애호박과 두부를 넣어 끓인다.

3 **2**가 한소끔 끓으면 다진 마늘과 대파를 넣고 새우젓으로 간을 한다.

오이는 95%가 수분으로 되어 있어 여름철 수분 보충에 매우 효과적이에요.
오이에 많은 비타민 C는 신진대사를 원활하게 해주지요.
오이냉국으로 푹푹 찌는 무더위를 시원하게 날려 버리게 해주세요.

Ready

재료 오이 2개, 파프리카 1/2개, 물 4컵, 설탕 1큰술, 식초 4큰술, 국간장 1큰술, 다진 마늘 0.5큰술, 소금 약간

Recipe

1 오이는 굵은 소금으로 문질러 씻은 후 얇게 채 썬다.

2 파프리카도 오이와 비슷하게 썰어 둔다.

3 물은 팔팔 끓여 식힌 후 설탕, 식초, 국간장, 다진 마늘을 넣어 간을 맞춘다.

4 3에 오이와 파프리카를 넣는다.

감자는 영양분이 풍부해 영양학자들 사이에서 '식물의 왕'으로 불린답니다.
비타민 C 함량이 높아 면역력을 높여 주고, 필수아미노산이 풍부하고 소화도 잘 되는 식품이에요.
칼륨 함량도 높아 나트륨을 배출하는 효과가 있어요.
또한, 손쉽게 구할 수 있고 가격도 부담 없는 까닭에 다양한 요리에 이용되고 있으며,
어떤 조리법을 사용하든 높은 효과를 기대할 수 있어요.
감자의 싹 부분과 햇빛을 받아 초록색으로 변한 감자에는 솔라닌이라는 유독 성분이 있으므로
싹은 도려내고 녹색 감자는 먹지 말아야 해요.

재료

감자(중) 2개

아욱 1/2줌

대파 1/2대

다시마 육수 4컵

미소된장 1.5큰술

소금 약간

1 감자는 껍질을 벗기고 채 썰어 찬물에 담가 녹말을 제거한 후 헹궈 건진다.

2 아욱은 굵은 줄기는 벗겨내고 연한 잎은 주물러 가며 씻어 먹기 좋은 크기로 썬다.

3 대파는 어슷하게 썬다.

4 냄비에 다시마 육수를 붓고 끓어오르면 미소된장을 넣어 풀어준다.

5 **4**에 감자를 넣어 끓이다가 아욱을 넣고 끓인다.

6 **5**에 대파를 넣어 끓이고 모자란 간은 소금으로 맞춘다.

감자채볶음

Ready … 감자 2개, 양파 1/2개, 피망 1/2개, 당근 1/4개, 다진 파 1큰술, 다진 마늘 1큰술, 올리브유 · 소금 · 참기름 약간씩

Recipe

❶ 감자는 채 썰어 물에 담가 놓는다.

❷ 양파, 피망, 당근은 채 썰고, 파는 다진다.

❸ ❶을 체에 건져 물기를 뺀다.

❹ 팬에 기름을 두르고 다진 마늘을 넣어 볶다가 ❸을 넣어 볶는다.

❺ ❹가 어느 정도 익으면 당근, 양파, 피망 순으로 넣어 볶는다.

❻ ❺에 다진 파를 넣고 소금으로 간을 맞춘 후 참기름을 넣어 한 번 더 볶아준다.

열무된장국

열무는 비타민 A·C, 무기질이 풍부한 식품이에요.
비타민 C는 바이러스나 세균에 대한 저항력을 높여 면역력을
키워주고, 비타민 A는 시력 유지와 보호에 도움을 주지요.
더운 여름 구수한 열무된장국으로 아이 입맛을 살려 주세요.

재료

열무 1/2줌

두부 1/2모

다시마 육수 4컵

된장 1.5큰술

고춧가루 0.5큰술

다진 마늘 0.5큰술

국간장 약간

Recipe

1 열무는 씻어 다듬어서 3cm 길이로 썬다.

2 두부는 깍둑썰기를 해둔다.

3 냄비에 다시마 육수를 넣어 끓기 시작하면 된장을 풀어 넣는다.

4 **3**에 열무를 넣어 끓이다가 두부와 다진 마늘, 고춧가루를 넣고 부글부글 끓인다. 모자란 간은 국간장으로 맞춘다.

PLUS MENU

열무나물

Ready … 열무 1줌, 소금 **양념** 국간장 1큰술, 다진 마늘 0.5큰술, 통깨 · 들깨가루 · 참기름 0.5큰술씩

Recipe

❶ 열무는 다듬어 씻은 후 끓는 물에 소금을 약간 넣어 데친다.

❷ ❶을 찬물에 헹구고 물기를 꼭 짜서 먹기 좋은 크기로 썬다.

❸ 볼에 ❷와 양념을 넣어 무친다.

근대의 영양은 시금치와 비슷한데요,
다른 채소에 비해 비타민 K가 월등히 많아요.
비타민 K는 정상적인 혈액응고와 뼈 건강에 중요한 역할을 한답니다.
된장국에 근대를 넣으면 맛도 구수하면서 체내 흡수율을 높여 주어요.

재료

근대 1/2줌

보리새우 1컵

멸치 육수 4컵

된장 1.5큰술

고추장 0.3큰술

다진 마늘 0.5큰술

국간장 약간

1 근대는 손으로 비벼가며 씻어 적당한 길이로 썬다.

2 보리새우는 마른 행주로 싸서 비벼 수염과 다리를 제거하고, 물에 살짝 불려 놓는다.

3 냄비에 멸치 육수를 넣고 끓기 시작하면 된장과 고추장을 푼다.

4 3에 보리새우를 넣어 끓이다가 근대와 다진 마늘을 넣어 한소끔 끓인다. 모자란 간은 국간장으로 맞춘다.

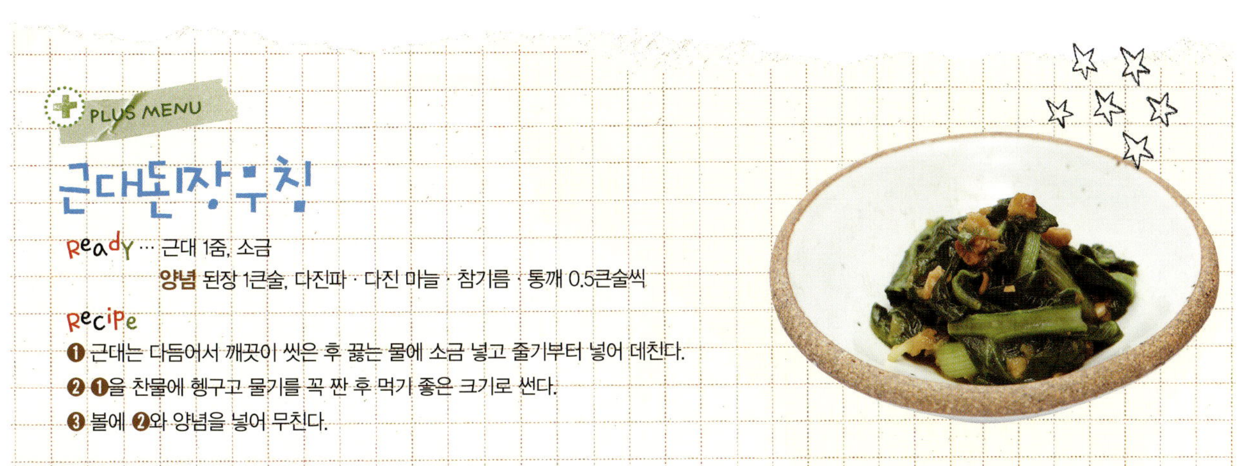

근대된장무침

 … 근대 1줌, 소금

양념 된장 1큰술, 다진파 · 다진 마늘 · 참기름 · 통깨 0.5큰술씩

❶ 근대는 다듬어서 깨끗이 씻은 후 끓는 물에 소금 넣고 줄기부터 넣어 데친다.

❷ ❶을 찬물에 헹구고 물기를 꼭 짠 후 먹기 좋은 크기로 썬다.

❸ 볼에 ❷와 양념을 넣어 무친다.

콩비지는 두부나 콩물을 만들 때 콩즙을 짜고 남은 찌꺼기예요.
그러나 두부나 콩물보다 식이섬유가 풍부하답니다.
콩비지는 고소하고 부드러워 아이도 잘 먹어요.

재료

콩비지 2컵

돼지고기 150g

김치 1/2줌

대파 1대

참기름 · 소금 약간씩

물 2컵

돼지고기 밑간

청주 1큰술

다진 마늘 0.5큰술

소금 · 후춧가루 약간씩

1 고기는 먹기 좋게 썰어 밑간해 두고, 김치는 소를 대강 털고 송송 썬다.

2 대파도 잘게 썰어 둔다.

3 뚝배기에 참기름을 두르고 고기를 볶다가 반쯤 익으면 김치를 넣어 볶는다.

4 **3**이 익으면 물을 붓고 끓이다 콩비지를 넣어 약한 불에서 자작하게 끓여준다.

5 **4**에 대파를 넣고 모자란 간은 소금으로 한다.

콩비지는요,

콩비지를 만들 때도 되도록 국산콩을 사용하세요. 수입콩에는 유전자 조작된 콩이 있을 수 있으므로 주의해야 해요. 콩에 들어 있는 레시틴은 콜레스테롤을 낮춰 주므로 육류와 함께 섭취하면 좋아요. 콩비지로 다른 요리도 만들어 보세요. 부침개를 만들 때 콩비지를 넣어도 맛있답니다.

아욱느타리버섯국

아욱에는 단백질, 지방, 비타민 A·C, 무기질, 칼슘 등이 풍부하여
채소로서는 보기 드물게 영양이 골고루 갖추어 있어요.
특히 칼슘 성분이 많아서 성장기 아이들에게 좋아요.

Ready

재료 아욱 1/2줌, 느타리버섯 6개, 멸치
다시마 육수 4컵, 대파 1/3대, 된장 1큰술,
고추장 1/3큰술, 다진 마늘 0.5큰술

Recipe

1 아욱은 부드러운 잎을 골라 먹기 좋은 크기로 썬다.

2 느타리버섯은 찢어 준비하고, 대파는 잘게 썬다.

3 냄비에 멸치다시마 육수를 넣어 끓이고, 끓어오르면 된장, 고추장, 다진 마늘을 넣는다.

4 3에 1, 2를 넣고 한소끔 끓어오르면 대파를 넣어 한소끔 더 끓인다.

오이는 어떤 방법으로 조리하든 맛이 있고 영양도 풍부해요.
오이 껍질에 들어 있는 클로로겐산에는 항균 소염 작용이 있어
소금으로 깨끗이 씻어 껍질째 먹으면 좋아요.
아삭한 오이송송이는 아이들에게 인기만점이에요.

Ready

재료 오이 4개, 무 1/6개, 쪽파 10대

절임물 물 3컵, 굵은 소금 4큰술

양념 다진 파 2큰술, 고춧가루 1큰술, 다진 마늘 1큰술, 설탕 1큰술, 까나리액젓 2큰술

Recipe

1 오이는 굵은 소금으로 문질러 씻고 적당한 크기로 깍둑 썬다. 무도 비슷한 크기로 썬다.

2 1을 절임물에 넣어 20분 정도 절인 후 건져내 물기를 뺀다.

3 쪽파는 3cm 길이로 썬다.

4 볼에 양념 재료를 넣어 섞은 후 절인 오이와 무, 쪽파를 넣어 버무린다.

5 4를 실온에서 하루 정도 익힌 후 냉장 보관한다.

깻잎무침

영양 덩어리 깻잎은 고소한 향과 맛으로 아이들도 좋아해요.
깻잎무침은 아이들 반찬으로 제격이에요.

Ready

재료 깻잎 2묶음

양념 다진 마늘 0.5큰술, 국간장 1큰술, 다진 파 1큰술, 들기름·깨소금·소금 약간씩

Recipe

1 깻잎은 깨끗이 씻어 물기를 털고, 위 줄기를 적당히 잘라낸다.

2 끓는 물에 소금을 약간 넣어 데친 후 찬물에 헹궈 물기를 짠다.

3 볼에 깻잎과 양념 재료를 넣어 무친다.

고구마순들깨무침

고구마순에는 섬유질과 무기질이 많아, 비만 예방과 변비 예방에
아주 좋아요. 고소한 맛이 나는 들깨가루에 무쳐주면 맛있답니다.

Ready

재료 고구마순 1줌, 다진 파 1큰술, 다진 마늘 0.5큰술, 국간장 1큰술, 들기름 0.5큰술, 들깨가루 1큰술, 깨소금 1큰술, 올리브유·소금 약간씩

Recipe

1 고구마순은 끓는 물에 소금을 약간 넣고 푹 무르게 삶아 낸 후 찬물에 헹궈 질긴 섬유질을 벗기고 4~5cm 정도 길이로 썰어 물기를 뺀다.

2 팬에 기름을 두르고 다진 마늘을 볶다가 **1**을 넣어 볶은 다음 국간장으로 간을 한다.

3 **2**에 다진 파, 들깨가루, 깨소금을 넣고 들기름을 넣어 한 번 더 볶아준다.

가지나물

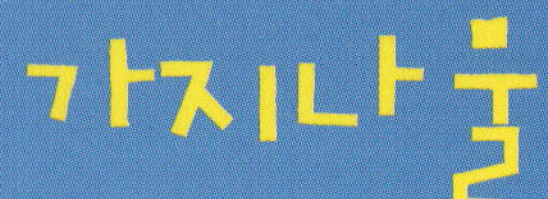

가지에 들어 있는 콜린 성분은 뇌의 기억 형성을 도와 기억력을 높여 주어요. 또한 가지에는 폴리페놀이 풍부해 암 치료에 도움이 되며, 가지의 보라색 색소는 염증 치료와 해열 작용에 좋아요.

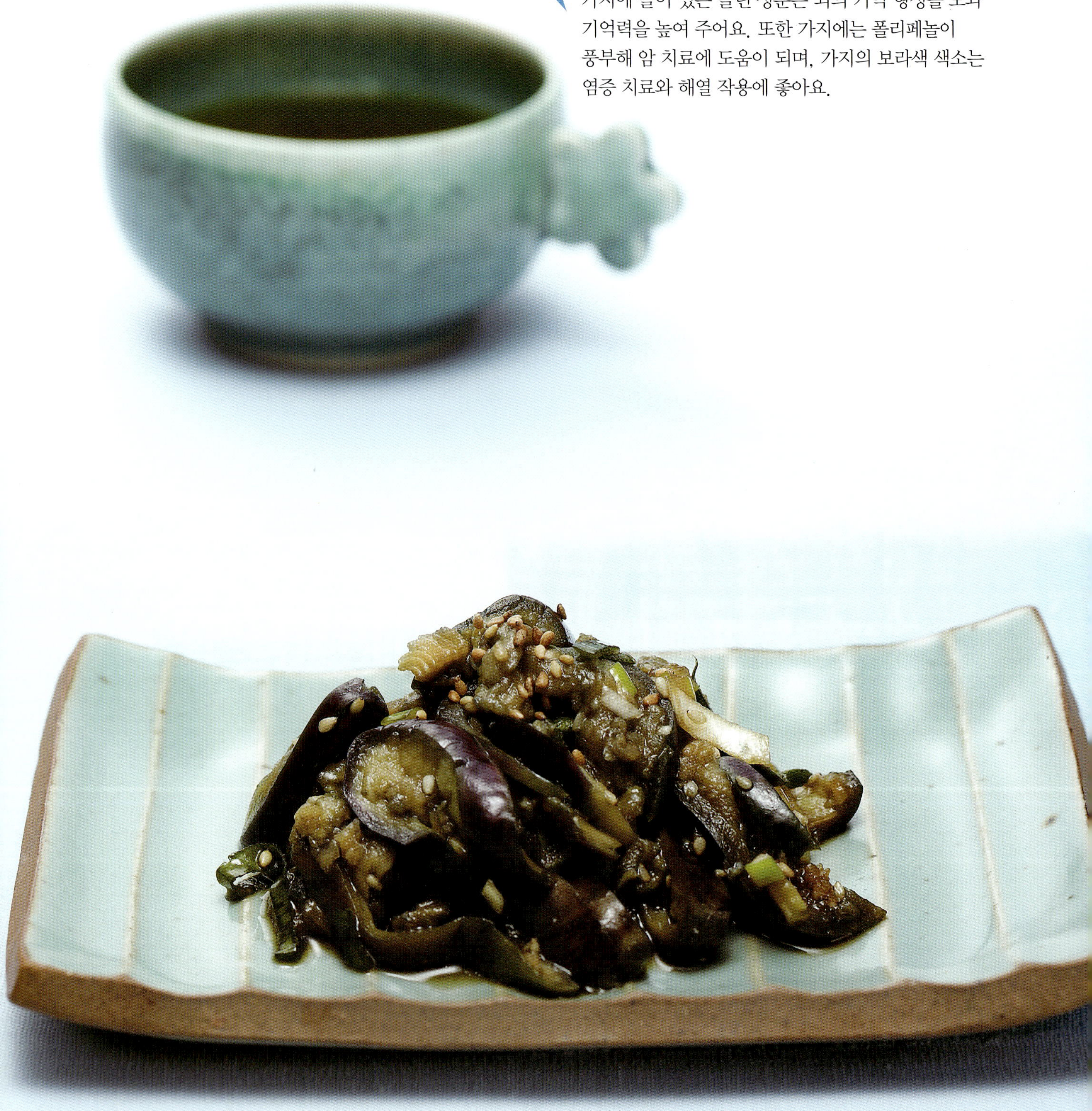

재료
가지 2개
양념
간장 1큰술
다진 파 1큰술
다진 마늘 0.5큰술
들기름 0.5큰술
통깨 · 소금 약간씩

1 가지는 소금으로 문질러가며 씻은 후 반달썰기해서 김이 오른 찜통에 찐다.

2 볼에 **1**과 양념을 넣어 무친다.

가지조림

Ready … 가지 1개, 참기름, 통깨 · 소금 약간씩
　　　　조림장 다시마 육수 1/2컵, 간장 1큰술, 설탕 약간, 물엿 0.5큰술,
　　　　다진 마늘 0.5큰술, 청주 1큰술

Recipe
❶ 가지는 소금으로 문질러가며 씻은 후 반달썰기해서 김이 오른 찜통에 살짝 찐다.
❷ 팬에 조림장을 넣어 끓기 시작하면 ❶을 넣어 조리고, 참기름과 통깨를 넣는다.

애호박에는 비타민 A·C가 풍부하며, 특히 애호박 씨에 들어 있는 레시틴은 두뇌 발달에 좋아요. 또한 소화흡수가 잘돼 아이들에게 좋은 식품입니다. 달걀말이에 애호박을 넣으니 뭐냐고 물어보지도 않고 잘 먹어요.

재료

애호박 1/4개

달걀 4개

다시마 우린 물 1컵

청주 1큰술

당근 1/4개

소금 약간

1 애호박과 당근은 잘게 다져 준비한다.

2 달걀을 볼에 넣고 풀어 체에 한 번 걸러준다.

3 **2**에 다시마물, 청주, 소금을 넣어 섞은 후 다진 애호박과 당근을 넣어 섞는다.

4 팬에 기름을 두르고 달걀물을 얇게 부은 후 익혀 말고, 다시 부어 말기를 반복한다.

애호박새우젓볶음

 … 애호박 1개, 새우젓 0.5큰술, 다진 마늘 1/2큰술, 통깨·참기름 약간씩

❶ 애호박은 반으로 갈라 반달 모양으로 썬다.

❷ 팬에 기름을 두르고 다진 마늘을 볶다가 ❶을 넣어 볶는다.

❸ ❷에 새우젓으로 간을 하고 통깨와 참기름을 넣는다.

알감자호두조림

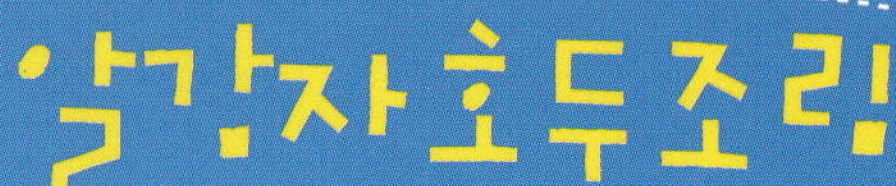

일반 감자보다 작고 동글해 한입에 먹을 수 있는 영양만점
알감자는 아이들이 좋아해요.
비타민 C가 많이 들어 있는 감자에
비타민 E가 풍부한 호두를 넣고 함께 조리면
호두의 비타민 E 흡수율이 높아져요.

재료

알감자 10개

호두 1컵

물엿 2큰술

통깨 · 참기름 약간씩

조림장

다시마 육수 1컵

간장 3큰술

설탕 0.5큰술

청주 2큰술

1 알감자는 깨끗이 씻은 후 감자가 잠길 정도의 물을 붓고 반 정도 익도록 삶는다.

2 호두는 체에 걸러 가루를 털어내고 마른 팬에 볶는다.

3 냄비에 조림장을 넣고 알감자와 호두를 넣어 조린다.

4 3에 물엿을 넣어 뒤적이며 윤기를 내고, 참기름과 통깨를 넣어 마무리한다.

Ready ··· 알감자 10개, 설탕 2큰술, 물 3큰술, 기름 · 검은깨 약간씩

Recipe

❶ 알감자를 삶은 후 껍질을 벗긴다.

❷ 팬에 설탕과 물을 넣고 설탕이 녹을 때까지 젓지 말고 끓인다.

❸ ❷에 ❶을 넣고 시럽을 고루 묻혀준 후 꺼내 검은깨를 뿌린다.

가지소고기볶음

가지는 아이들이 좋아하지 않는 채소예요.
그러나 기름에 볶거나 튀김요리를 하면 잘 먹어요.
또 아이들이 좋아하는 고기와 함께 볶아 줘도 잘 먹어요.
가지는 지방을 흡수하는 성질이 있어 기름진 요리에 넣으면 좋아요.

재료
가지 1개
쇠고기 1줌
양파 1개
다진 파 1큰술
참기름 0.5큰술
쇠고기 밑간
청주 1큰술
다진 마늘 0.5큰술
통깨 · 소금 · 후춧가루 약간씩
양념
굴소스 1큰술
간장 0.5큰술
설탕 0.5큰술
청주 2큰술
다진 마늘 0.5큰술

1 가지는 굵은 소금으로 문질러 씻은 후 도톰하게 썬다.

2 쇠고기는 밑간해 두고 양파는 채 썬다.

3 팬에 기름을 두르고 쇠고기를 볶다가 가지를 넣어 볶는다.

4 **3**에 양념을 넣어 볶다가 양파를 넣고 좀 더 볶는다.

5 **4**에 대파를 넣어 볶다가 참기름을 넣어 살짝 볶은 후 통깨를 뿌린다.

가지는요,
가지에는 수분이 많이 함유되어 있어요. 그래서 여름철에 가지 요리를 하면 쉽게 상하지요. 여름에는 양념에 식초를 몇 방울 떨어뜨려 요리하면 좀 더 오래 가요. 가지를 고를 때는 색이 선명하고 윤기가 나며, 모양이 많이 구부러지지 않은 것이 좋습니다. 보관 시에는 밀봉하여 냉장실에 넣습니다.

열무 닭가슴살무침

여름에 꼭 먹어야 할 열무에 머리도 좋아지고 단백질이
풍부한 닭가슴살을 넣어 샐러드처럼 무쳐주면 잘 먹지요.
특히, 열무의 잎에 비타민 C가 많아 바이러스나 세균에 대한
저항력을 키워 준답니다. 열무를 고를 때는 너무 자라지 않은,
줄기가 연두빛이 돌면서 통통한 것이 좋습니다.

Ready

재료 열무 1/2줌, 닭가슴살 1쪽, 당근 1/5
개, 통마늘 1쪽, 대파 1/2대, 통깨 · 통후추
약간
양념 된장 1큰술, 다진 파 1큰술, 다진 마
늘 0.5큰술, 참기름 0.5큰술, 간장 0.5큰술

Recipe

1 냄비에 물을 붓고 통마늘, 통후추, 대파와 닭가슴살을 넣어 삶아 익힌 뒤 잘게 찢는다.

2 열무를 다듬어 씻은 후 먹기 좋은 크기로 썬다.

3 2를 끓는 물에 소금을 약간 넣어 데치고 찬물에 헹궈 물기를 짠다.

4 당근은 채 썬다.

5 볼에 1, 3, 4와 양념을 넣어 고루 무친 후 통깨를 뿌린다.

더운 여름철 시원한 고구마순 김치는 별미지요.
아삭한 맛에 아이들도 잘 먹는답니다.

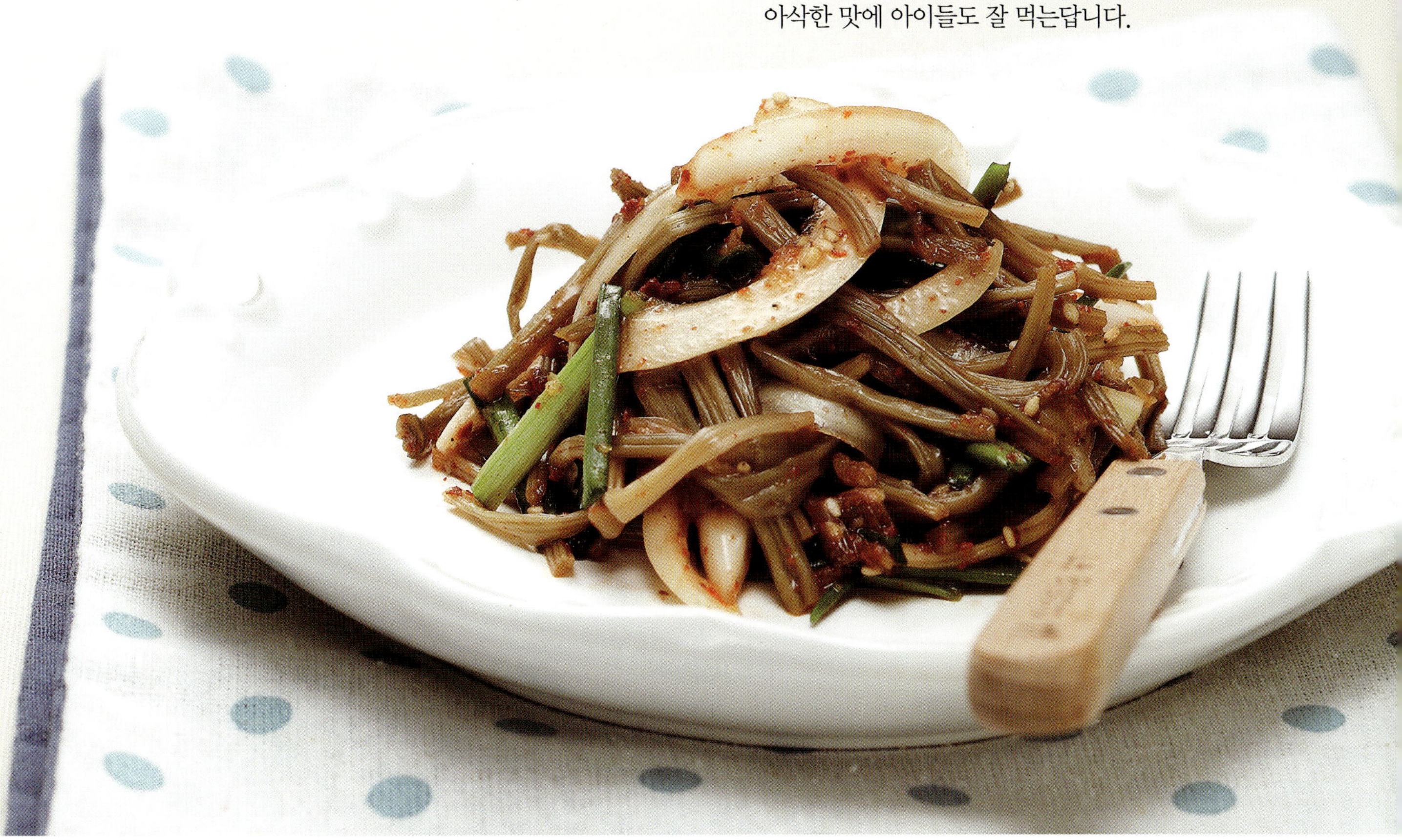

 **Ready**

재료 고구마순 2줌, 부추 1/2줌, 양파 1/2개
절임물 물 5컵, 굵은 소금 3큰술
양념 멸치액젓 2큰술, 다진 마늘 1큰술, 고춧가루 2큰술, 매실청 3큰술, 통깨 1큰술

Recipe

1 고구마순은 절임물에 30분 정도 절인 다음 껍질을 벗기고 먹기 좋은 크기로 썬다.

2 1을 여러 번 씻고 헹궈 물기를 짠다.

3 양파는 채 썰고, 쪽파는 다듬어 3~4cm 길이로 썬다.

4 볼에 양념을 넣어 섞은 후 2, 3을 넣고 버무린다.

『본초강목』에는 오이가 목 편도의 통증, 눈의 충혈과 통증, 궤양,
화상 등을 치료하는 데 효과가 있다고 씌어 있어요.
오이는 열을 식혀주고 이뇨 작용이 좋아서 대표적인 여름철 식재료예요.
다른 채소와 함께 샐러드를 만들면 아삭한 식감과 고소한 맛으로
아이들 입맛을 사로잡아요.
단, 오이는 먹기 직전에 다른 채소와 섞으세요.

재료

오이 1/2개

수박 한두 조각

양상추 1/2줌

호두 1줌

아몬드슬라이스 2큰술

땅콩 2큰술

드레싱

플레인요구르트 1컵

레몬즙 1큰술

꿀 1큰술

1 오이는 굵은 소금에 깨끗이 씻어 한 입 크기로 깍둑 썰고 수박도 썰어 둔다.

2 호두와 땅콩은 기름 두르지 않은 팬에 살짝 볶는다.

3 양상추는 씻은 후 물기를 빼고 적당한 크기로 찢는다.

4 드레싱 재료를 섞는다.

5 볼에 각종 재료를 넣고 드레싱을 부어 섞는다.

PLUS MENU

오이묵무침

 … 도토리묵 1/2모, 오이 1/2개, 깻잎 5장, 상추 5장, 양파 1/3개, 당근 1/4개, 들깨가루 약간

양념장 간장 2큰술, 다진 마늘 0.5큰술, 다진 파 1큰술, 고춧가루 1큰술, 참기름 0.5큰술, 매실청 1큰술, 식초 2큰술, 설탕 1큰술, 까나리액젓 0.5큰술, 통깨 0.5큰술, 후춧가루 약간

1 도토리묵은 먹기 좋은 크기로 썰고, 양파는 채 썰어 둔다.

2 오이와 당근은 어슷 썰고, 깻잎과 상추는 먹기 좋은 크기로 썬다.

3 양념장을 섞어 둔다.

4 볼에 **1**, **2**를 담고 양념장을 넣고 버무린 후 들깨가루를 뿌린다.

콩은 '밭에서 나는 고기'라는 말을 들을 만큼 양질의 단백질이
들어 있는 식품이에요. 콩물에는 단백질, 지방, 비타민, 무기질 등
피부에 좋은 영양분이 골고루 함유되어 있으며, 신진대사를 원활하게 해주지요.
고소한 콩국수는 아이들도 좋아한답니다.

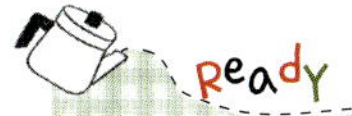

재료

소면 2인분

백태 1컵

검은깨 2큰술

호두 5~6알

오이채 약간

소금 약간

물 4컵

1 콩은 깨끗이 씻어 하룻밤 정도 불렸다가 냄비에 담아 잠길 정도의 물을 붓고 뚜껑을 열어 비린내가 나지 않을 정도로 삶는다.

2 1을 건져 비벼 껍질을 벗겨가며 찬물에 헹군다.

3 분쇄기에 2와 검은깨, 호두를 넣고 물을 약간 부어 곱게 간다.

4 3을 물을 넣어가며 체에 밭친 후 소금으로 간을 해 냉장고에서 차게 식힌다.

5 오이는 채 썬다.

6 소면을 삶아 건진 후 그릇에 담고 4를 붓고 5를 얹는다.

시간 없을 때 콩물 만드는 방법

호두, 잣, 깨 등을 볶은 뒤 곱게 갈아 콩물에 넣으면 영양가가 좋아지면서 더욱 고소하답니다. 시간적 여유가 없을 때는 믹서에 우유 200ml, 두부 반모를 넣고 간 다음, 소금, 설탕으로 간해도 고소하고 맛있어요.

돼지수육근대무침

근대는 비타민 A, 카로틴, 칼슘, 철, 필수아미노산이 함유되어 있어
밤눈이 어두운 사람에게 좋고, 어린이 성장 발육에도 효과가 있는 식품이에요.
돼지고기에 부족한 영양을 근대를 넣어 보충해 주세요.

재료

보쌈용 돼지고기 400g

근대 1/2줌

양파 1개

물 적당량

삶기 재료

양파 1/2개

대파 흰 대 1개

통마늘 3개

생강 1/2쪽

청주 1/3컵

된장 1큰술

인스턴트 커피 0.5큰술

월계수잎 2장

통후추 0.5큰술

양념

된장 1큰술

고추장 0.5큰술

참기름 1큰술

통깨 0.5큰술

1 돼지고기는 찬물에 담가 핏물을 뺀 후 한번 삶아낸다.

2 냄비에 물을 붓고 삶기 재료를 넣어 끓기 시작하면 고기를 넣어 1시간 정도 푹 삶아낸다. 30분은 센 불에서 30분은 중불에서 삶는다.

3 젓가락으로 찔러보아 쑥 들어가면 꺼내어 한김 식힌 후 먹기 좋은 크기로 썬다.

4 근대는 깨끗이 다듬어 끓는 물에 소금을 넣고 줄기부터 넣어 데친 후 찬물에 헹궈 물기를 짜고 적당한 길이로 썬다.

5 양파는 채 썬다.

6 볼에 양념 재료와 **3, 4, 5**를 넣어 무친다.

근대는요,

근대는 잎이 부채꼴 모양으로 넓어서 쌈을 싸서 먹어도 맛있어요. 싱싱한 근대를 끓는 소금물에 데쳐서 찬물에 담가 물기를 뺀 다음 다진 채소, 된장 등을 넣어 끓인 쌈장에 밥을 얹어 말아 싸면 한 입 가득 구수한 맛이 느껴져요. 아이들용 쌈은 아이들 입 크기에 맞게 작게 싸주면 한 입에 쏙 잘 먹어요.

감자옹심이

비타민 C 함량이 높은 감자를 갈아서 옹심이를 만들어 보세요.
쫄깃한 맛이 아이들을 유혹한답니다. 감자는 바구니에 넣어
바람이 잘 통하는 실온에서 보관하세요. 이때 감자 사이에
사과를 하나 두면 사과의 효소가 감자에 싹이 나는 것을 지연시켜 줘요.

재료

감자 5개

멸치다시마 육수 6컵

애호박 1/3개

표고버섯 2개

당근 1/4개

다진 마늘 0.5큰술

소금 약간

1 감자는 껍질을 벗겨 씻은 후 강판에 간다.

2 1을 베보자기에 넣어 물기를 짠다. 이때 물은 그릇에 받는다.

3 건더기는 비닐에 싸 냉장고에 넣어 두고, 감자물은 1시간 정도 두어 녹말이 가라앉기를 기다렸다가 윗물은 따라내고 가라앉은 앙금만 남긴다.

4 3의 건더기와 앙금을 반죽해 동그랗게 옹심이를 빚는다.

5 애호박, 당근, 표고버섯은 채 썰어 준비한다.

6 냄비에 멸치다시마 육수를 넣고 끓어오르면 옹심이를 넣는다. 옹심이가 떠오를 때쯤 **5**를 넣어 끓인 다음, 다진 마늘을 넣고 소금으로 간한다.

감자전

 … 감자 3개, 깻잎 1묶음, 홍고추 1개

1 감자는 껍질을 벗겨 씻은 후 강판에 갈고 체에 받쳐둔다.

2 깻잎은 얇게 채 썰어 준비하고, 홍고추는 반을 갈라 씨를 제거한 후 잘게 다진다.

3 1과 체에서 걸러진 물 중 윗물은 버리고 가라앉은 앙금과 2를 넣고 소금 간을 해서 반죽한다.

4 팬에 기름을 두르고 반죽을 떠서 노릇하게 부친다.

깻잎 듬뿍닭갈비

깻잎은 향이 좋으며 비타민 A·C, 칼륨, 칼슘, 철분 등 무기질 함량이
높은 알칼리성 식품입니다. 특히 철분은 시금치보다도 많아요.
『본초강목』에는 깻잎이 폐의 기운을 잘 통하게 하고, 중추신경을 따뜻하게 하며,
통증을 완화하고, 천식에 도움이 되는 식품으로 기록되어 있어요.

재료

깻잎 15장

닭다리살 300g

양파 1/2개

양배추 1/4통

고구마 1개

당근 1/3개

대파 1/2대

양념장

고추장 2큰술

고춧가루 2큰술

카레가루 0.5큰술

청주 2큰술

간장 1큰술

다진 마늘 1큰술

설탕 1큰술

참기름 약간

1 닭다리살은 먹기 좋은 크기로 썬다.

2 양념장을 모두 섞어 **1**과 버무려 재워 둔다.

3 양파, 양배추, 깻잎은 채 썰고 고구마, 당근은 먹기 좋은 크기로 썰고, 대파는 어슷 썬다.

4 팬에 기름을 두르고 **2**를 볶다가 당근, 고구마를 넣어 볶는다. 그 다음으로 양파, 양배추, 대파를 넣고 마지막으로 깻잎을 넣어 향을 살린다.

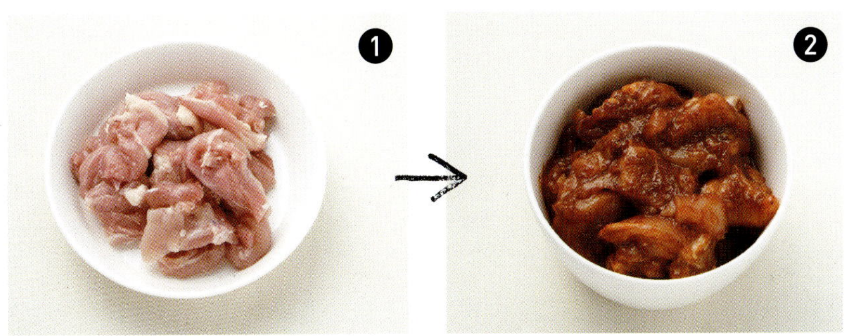

깻잎장아찌

··· 깻잎 10묶음

절임장 멸치 육수 1.5컵, 간장 3큰술, 물엿 1큰술, 마늘 2쪽, 양파 1/2개

❶ 깻잎은 잎끼리 비벼가며 씻은 후 물기를 털어 준비한다.

❷ 냄비에 절임장 재료를 넣어 팔팔 끓이다가 약불로 줄여 좀 더 끓인다.

❸ ❷에서 건더기를 건져낸 다음 식힌다.

❹ ❸에 ❶을 넣어 무거운 것으로 눌러 절인다.

살구스무디

살구에는 베타카로틴이 다량 함유되어 있어 면역력을 높여 주고
암 예방에도 효과가 있어요. 특히 말린 살구에는 고농도의
베타카로틴이 들어 있어 항암효과가 더 크답니다.

Ready

재료 말린 살구 100g, 바나나 1개, 우유
2컵, 꿀

Recipe

1 말린 살구와 바나나, 우유를 넣어 믹서에 간다.

2 1에 꿀을 넣는다.

복숭아셔벗

복숭아는 알칼리성 식품으로 면역력을 높여 주고 식욕을 돋우지요.
특유의 향으로 아이들도 좋아해요. 더운 여름, 시원한 복숭아셔벗을 준비해 보세요.

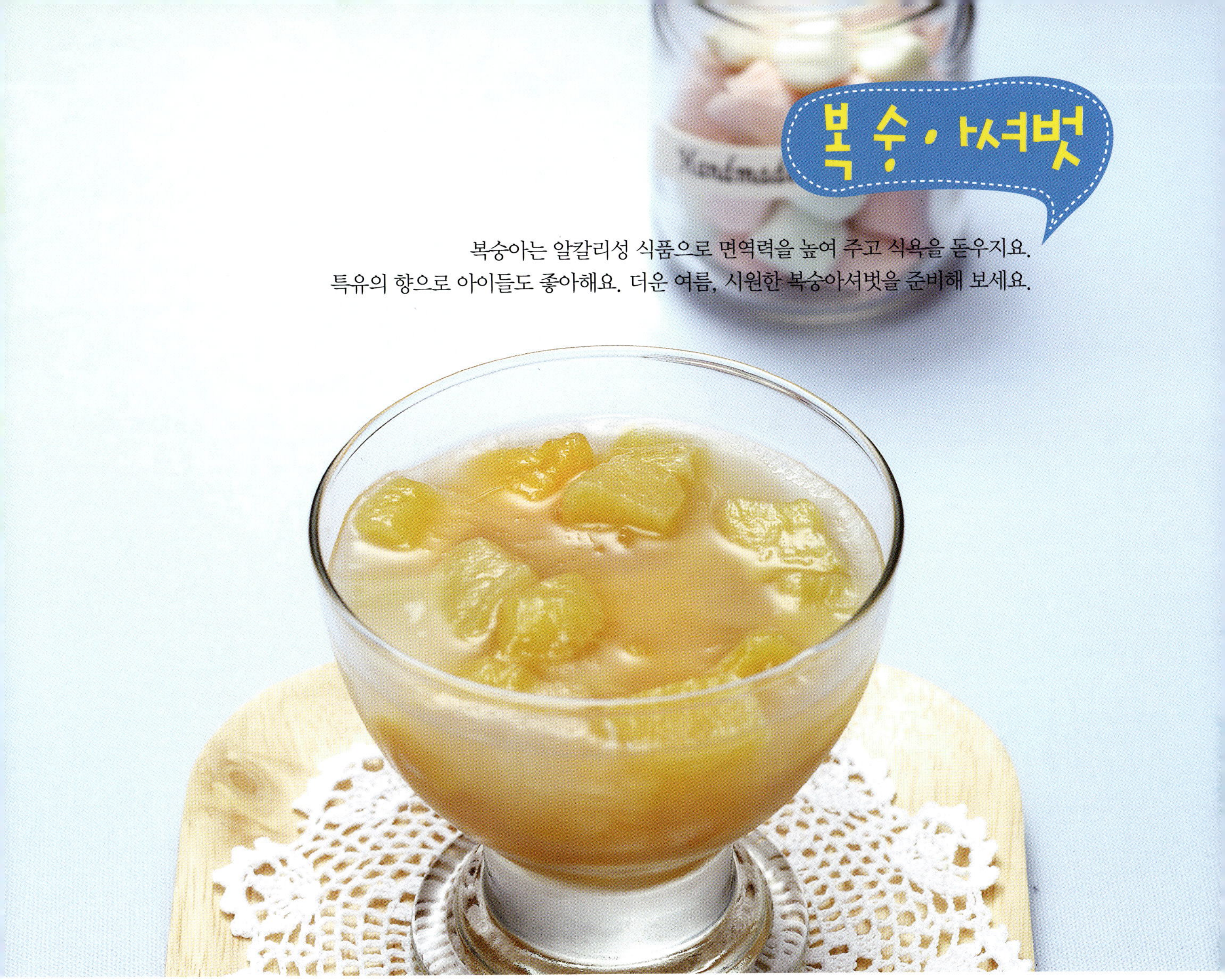

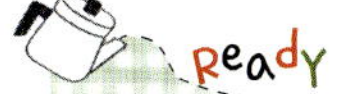

Ready

재료 복숭아 2개, 복숭아 주스 200ml, 설탕 1큰술

Recipe

1 복숭아는 껍질을 벗기고 얇게 썰어 적당한 용기에 켜켜이 담는다.

2 복숭아 주스에 설탕을 넣어 섞은 후 **1**에 붓는다.

3 냉동실에서 얼린다.

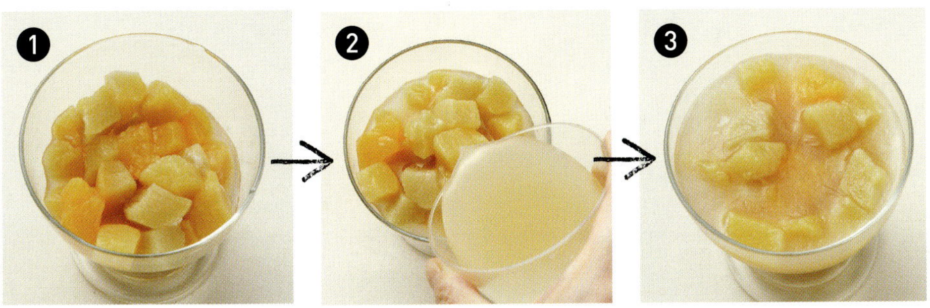

몸에 좋은 두유에 옥수수를 갈아 넣어
더욱 고소하고 씹는 맛도 있어 아이들이 좋아해요.

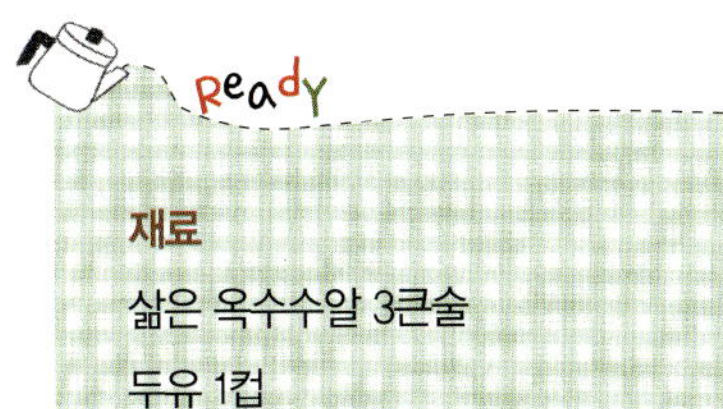

재료

삶은 옥수수알 3큰술
두유 1컵

1 옥수수는 찜통에 찐 후 알만 분리한다.

2 1과 두유를 믹서에 넣고 간다.

옥수수는요,

옥수수에는 섬유질이 함유되어 있어 변비 예방에 좋아요. 또한 옥수수는 잇몸 질환 치료제인 인사돌 덴타놀의 주성분으로 충치 개선 작용도 한답니다. 여러 가지로 좋은 옥수수네요.

PLUS MENU

옥수수치즈버터구이

 … 삶은 옥수수알 1컵, 다진 당근 · 다진 피망 1큰술씩, 모짜렐라치즈 1줌, 버터 1큰술
소스 마요네즈 3큰술, 설탕 1큰술, 허니머스터드소스 0.5큰술

❶ 삶은 옥수수알, 다진 당근, 다진 피망을 준비한다.

❷ 볼에 소스 재료를 넣어 섞고 ❶을 넣어 버무린다.

❸ 철판을 달군 후 버터를 둘러 녹인다.

❹ ❸에 ❷를 넣어 잠시 뒤적거리다가 치즈를 얹어 녹인다.

블루베리 요거트 아이스크림

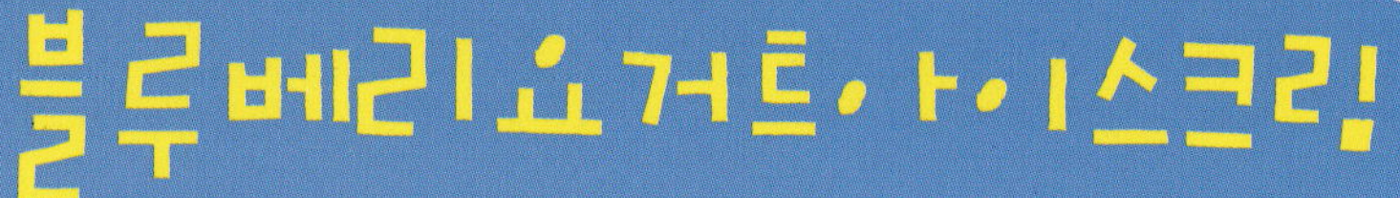

블루베리는 『뉴욕타임스』가 선정한 세계 10대 슈퍼푸드에 들 정도로 몸에 좋은 식품이에요.
블루베리에 함유된 안토시아닌은 눈 건강에 도움을 주고,
모세혈관을 강화하여 혈액순환을 원활하게 해 주어요.
또한 블루베리의 항산화 효과는 과일과 채소 가운데 으뜸이랍니다.

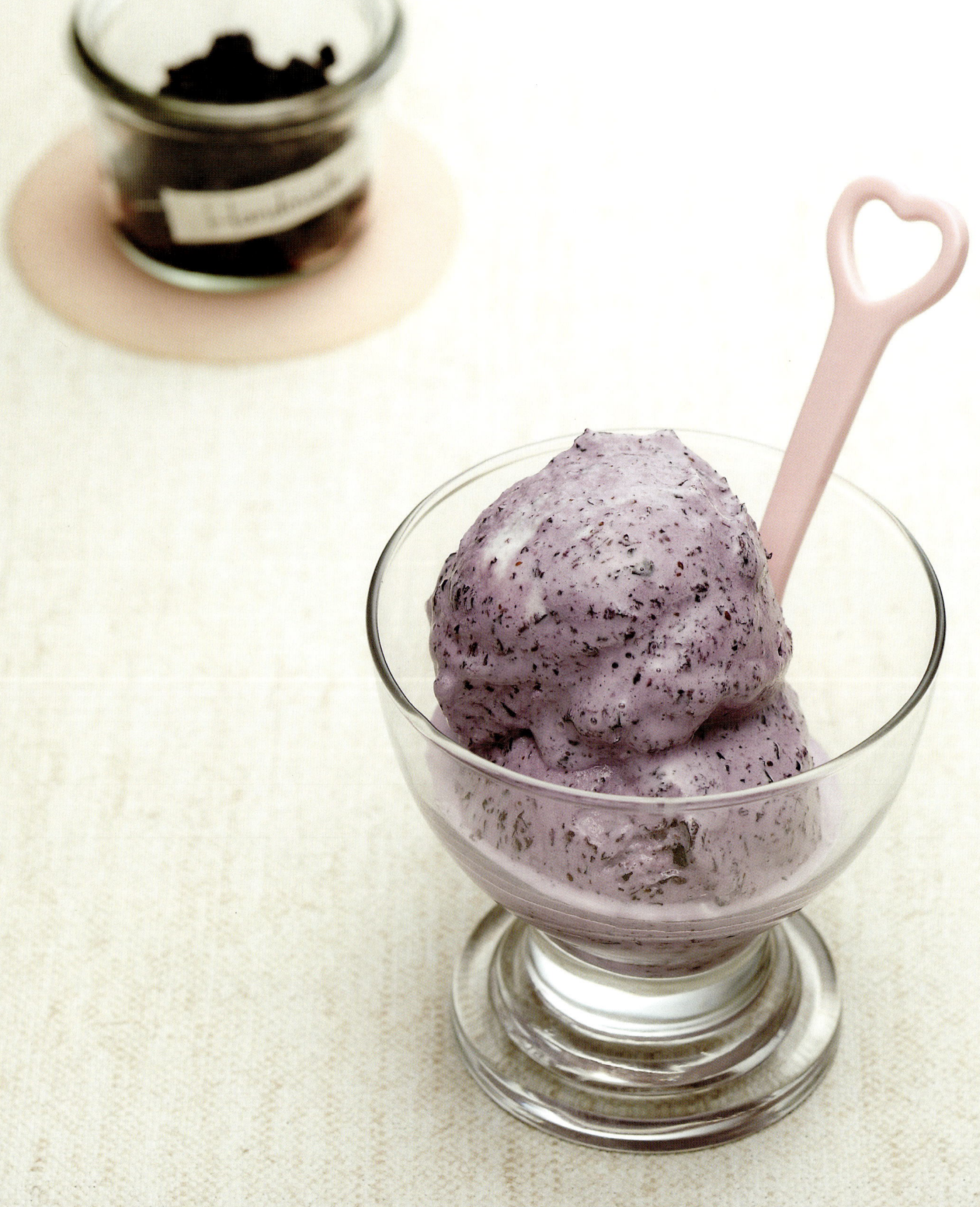

재료

블루베리 100g

블루베리잼 50g

슈거파우더 80g

우유 1컵 반

생크림 1컵

1 우유와 생크림을 골고루 섞는다.

2 **1**에 블루베리, 블루베리잼, 슈거파우더를 넣어 믹서에 간다.

3 **2**를 적당한 용기에 넣어 냉동실에서 얼린 후, 1시간마다 꺼내 포크로 긁어주기를 3~4회 반복한다.

수박화채

수박은 땀을 많이 흘리는 여름철에 수분 공급을 해주고
이뇨 작용에도 효과 만점이에요. 또한 비타민 B·C가 들어 있어
여름철 지친 피부에 도움을 주지요. 붉은색을 내게 하는
리코펜 성분은 항산화 물질로 체내 유해산소를 제거해 주어요.

Ready

재료 수박 1/4통, 키위 1개, 바나나 1개, 우유 400ml, 탄산음료 200ml, 꿀 2큰술

Recipe

1 수박은 네모나게 먹기 좋은 크기로 썬다. 키위와 바나나도 먹기 좋은 크기로 썬다.

2 우유와 탄산음료를 섞고 꿀을 넣어 젓는다.

3 볼에 과일을 담고 **2**를 부어준다.

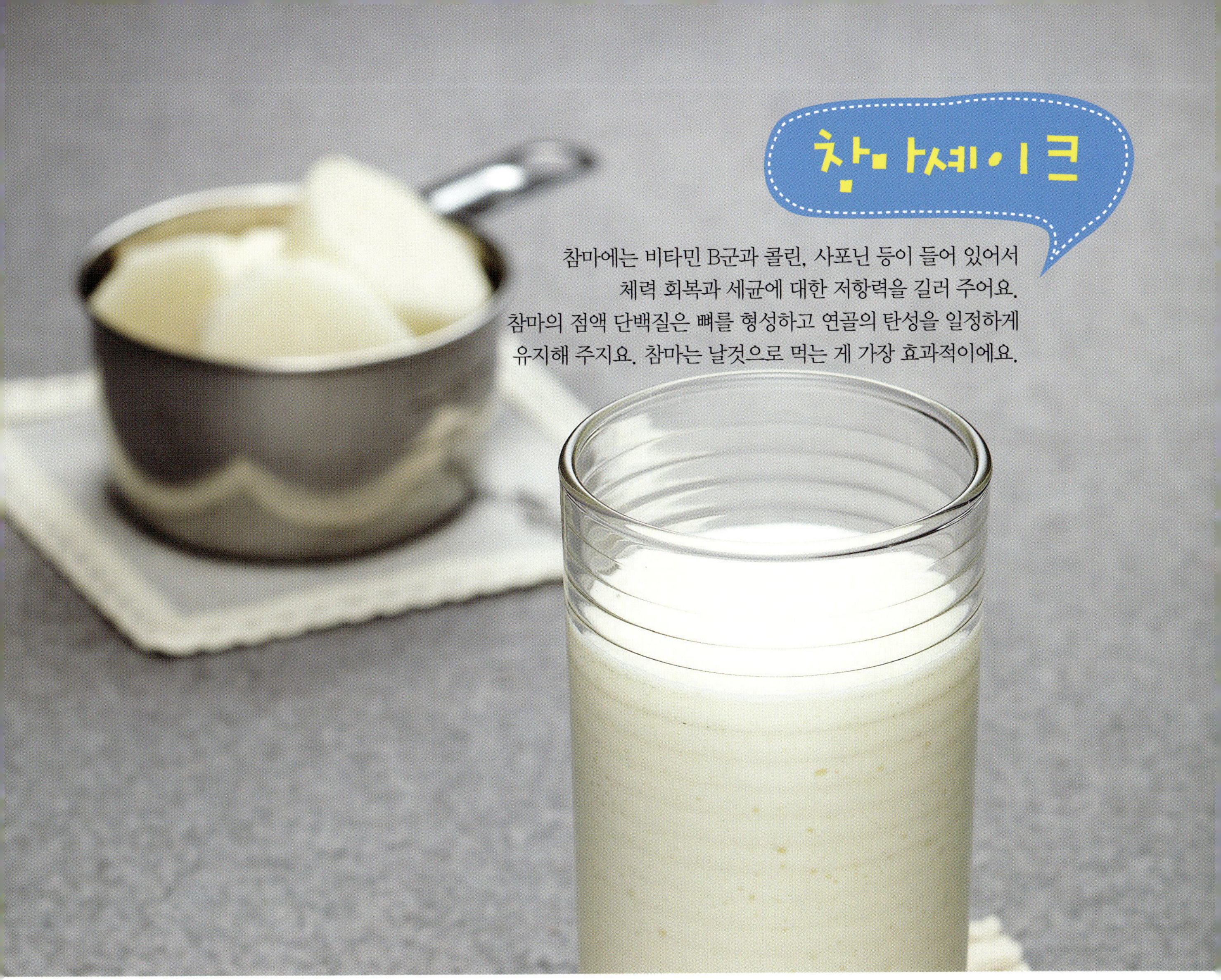

참마에는 비타민 B군과 콜린, 사포닌 등이 들어 있어서
체력 회복과 세균에 대한 저항력을 길러 주어요.
참마의 점액 단백질은 뼈를 형성하고 연골의 탄성을 일정하게
유지해 주지요. 참마는 날것으로 먹는 게 가장 효과적이에요.

Ready

재료 마 100g, 사과 1개, 우유 2컵, 꿀 약간

Recipe

1 마는 깨끗이 씻은 후 껍질을 벗겨 작게 썬다.

2 사과는 과육만 준비한다.

3 믹서에 **1**, **2**와 우유를 넣어 갈아주고, 취향에 맞춰 꿀을 첨가한다.

가을은 그야말로 풍요의 계절입니다.
산에서는 송이버섯, 표고버섯 등이 쑥쑥 올라오고,
밤, 잣, 은행이 알알이 굵어 갑니다.
들에서는 벼가 황금빛으로 영글어 가고, 고구마와 콩이 수확을 기다리고 있지요.
바다에서는 참깨보다 고소한 전어, DHA가 풍부한 고등어와 꽁치가 살이 통통히 올라 있습니다.
넘치는 재료를 이용한 가을의 별미 여행, 지금 떠나 볼까요?

고구마는 달콤해서 아이들이 좋아하는 채소 중 하나이지요.
영양소 또한 풍부하여 뿌리채소 중 비타민 C가 가장
많으며, 가열해도 쉽게 파괴되지 않아 감기 예방에 좋아요.
톳은 칼슘과 철분이 풍부해 아이들의 뼈 성장에 좋아요.
고구마와 톳을 넣어 밥을 지으니, 이건 뭐냐고 물으며 잘 먹어요.

재료

쌀 2컵

고구마(중) 1개

톳 2큰술

표고버섯 2개

물 2컵

1 쌀은 깨끗하게 씻어 30분 정도 불렸다가 체에 밭쳐 물기를 뺀다.

2 톳은 씻어 데친 후 찬물에 헹궈 물기를 빼두고, 표고버섯은 깍둑 썬다.

3 고구마는 깨끗하게 씻어 먹기 좋은 크기로 껍질째 썰고, 찬물에 씻어 녹말기를 제거한다.

4 솥에 쌀을 안치고 각각의 재료를 얹은 후 물을 부어 밥을 짓는다.

두부톳나물무침

 … 톳 200g, 두부 1모, 참기름 1큰술, 소금·통깨 약간씩

❶ 톳나물은 끓는 물에 살짝 데친 후 찬물에 헹궈 체에 밭쳐 물기를 뺀다.

❷ 두부는 물기를 짜서 으깬다.

❸ 볼에 ❶과 ❷를 담고 참기름을 넣고 소금을 조금씩 넣어 간을 맞춘 후 통깨를 뿌린다.

대추영양밥

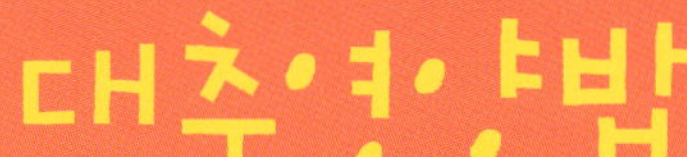

중국에서는 '신선의 음식'으로 불릴 만큼 귀하게 여겨졌던 대추는 각종 약재에 사용되기도 할 만큼 우수한 식품이지요. 비타민 C, 인, 철, 단백질, 다당류 등이 들어 있어 체질을 개선시키고 면역력을 높여 줍니다. 대추를 넣어 한 그릇 영양밥을 지어 보세요.

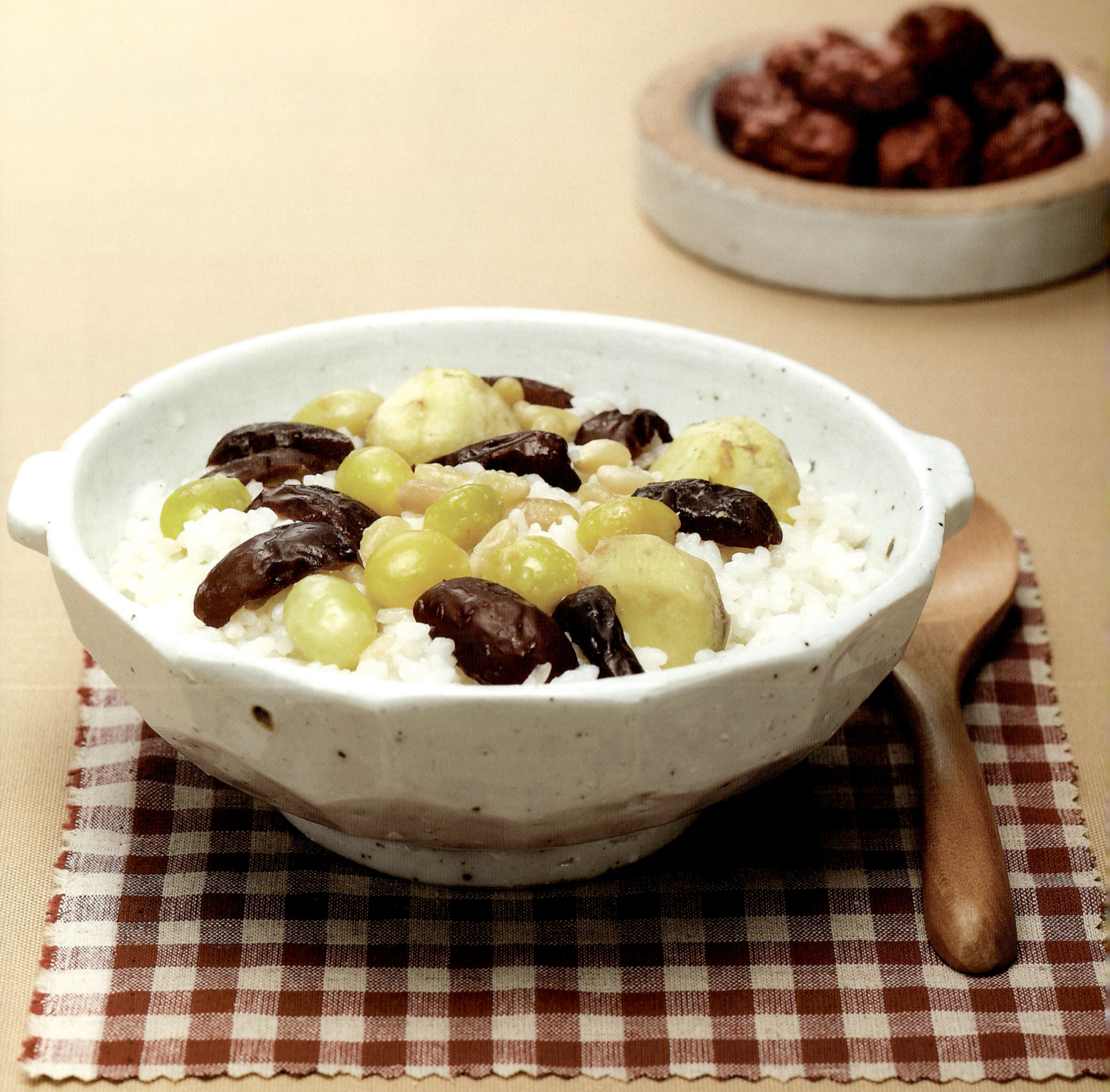

재료

쌀 2컵

대추 10개

밤 10알

은행 10개

잣 2큰술

물 2컵

1 쌀은 깨끗하게 씻어 30분 정도 불렸다가 체에 받쳐 물기를 뺀다.

2 대추는 씨를 빼서 3등분하고, 밤은 껍질을 벗겨 2등분한다.

3 잣은 고깔을 제거하고, 은행은 껍질을 깐다.

4 솥에 쌀을 안치고, 각각의 재료를 얹은 후 물을 부어 밥을 짓는다.

대추고

 ⋯ 대추 200g, 물 5컵, 꿀 1/2컵

❶ 대추는 깨끗이 씻은 후 갈라 씨를 뺀다.

❷ 냄비에 ❶과 물을 넣어 대추가 물러지도록 푹 끓인다.

❸ ❷의 물이 졸아들면 식히고 믹서에 간다.

❹ ❸을 냄비에 붓고 꿀을 넣어 약한 불에서 조린다.

❺ 따뜻한 물에 ❹를 타서 마신다.

연근은 뿌리채소로는 드물게 비타민 C와 식이섬유가 풍부해요.
연근을 잘랐을 때 흰 실처럼 보이는 것은 뮤신이란 성분으로,
위를 보호하고 기운을 북돋워 주지요. 식감도 좋은 연근을
밤과 함께 넣어 밥을 지어주면 맛있게 잘도 먹지요.

재료

쌀 2컵

연근 150g

밤 5알

물 2컵

연근은 조리하기 전에 식초 몇 방울 떨군 물에 담가두면 쓴 맛을 없애고, 변색되는 걸 막을 수 있어요.

1 쌀은 깨끗하게 씻어 30분 정도 불렸다가 체에 밭쳐 물기를 뺀다.

2 연근은 깨끗이 씻어 약 1cm 두께로 썬 후 다시 4등분한다.

3 밤은 껍질을 벗긴 후 2등분한다.

4 솥에 쌀을 안치고 연근과 밤을 얹어 물을 붓고 밥을 짓는다.

연근시금치전

Ready … 연근 200g, 시금치 1줌, 달걀 1개, 부침가루 1컵, 물 · 식초 · 소금 약간씩

Recipe

1 연근은 끓는 물에 식초를 넣어 살짝 데친 뒤 찬물에 헹군다.

2 시금치는 다듬은 후 끓는 물에 살짝 데쳐 차가운 물에 씻듯이 헹궈 적당히 썬다.

3 볼에 부침가루, 달걀, 물을 넣어 반죽한 후 **1**, **2**를 넣어 섞고 소금으로 간을 한다.

4 팬에 기름을 두르고 **3**을 떠 넣어 앞뒤로 노릇하게 지진다.

현미약밥

아이들은 일반 밥보다는 단맛이 나는 약밥을 잘 먹는답니다.
현미에 대추, 밤, 잣 등을 넣어 약밥을 만들어 주면
든든한 한 끼 식사로도 손색 없습니다.

재료

현미찹쌀 3컵

대추 15개

밤 10개

잣 2큰술

대추 우린 물 1컵 반

소스

진간장 3큰술

참기름 3큰술

꿀 2큰술

흑설탕 1컵

계피가루 0.5큰술

소금 약간

Recipe

1 현미찹쌀을 깨끗이 씻어 찬물에 5시간 이상 불린다.

2 **1**을 체에 밭쳐 물기를 빼고 시루에 베보자기를 깔고 1시간 정도 찐다.

3 대추는 씨를 발라 채 썰고, 씨는 따로 모아 물 2컵을 부어 끓여 우린다.

4 밤은 껍질을 제거하여 4등분하고, 잣은 고깔을 떼어 둔다.

5 소스를 모두 섞어 설탕이 녹도록 젓는다.

6 볼에 **2**를 담고 **5**를 부어 고루 섞고 대추, 밤, 잣을 넣어 버무린다.

7 김이 오르는 시루에 베보자기를 깔고 **6**을 담아 센불에서 1시간 찌고 약불에서 10분 찐다.

Tip

대추는요,

대추는 날로 먹는 것이 가장 좋지만 차로 우려 먹어도 좋아요. 대추는 면역력을 높여 주어 기침과 같은 감기 증상을 낫게 하고, 내장 보호에도 효과적이지요. 특히 따뜻한 성질이 있어 몸이 찬 사람에게 좋답니다.

게살주먹밥

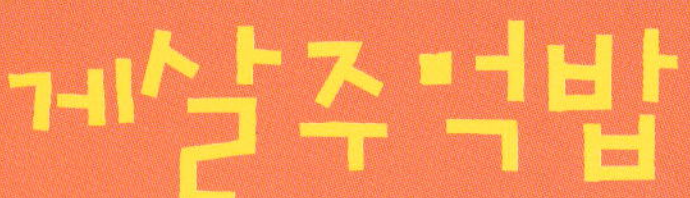

게살은 아이들이 좋아하는 식품이에요. 게가 저렴할 때 사다가 게살을 발라내 먹을 만큼씩 포장해서 냉동해 놓으면 주먹밥, 볶음밥, 샌드위치 등에 요긴하게 쓸 수 있어요.

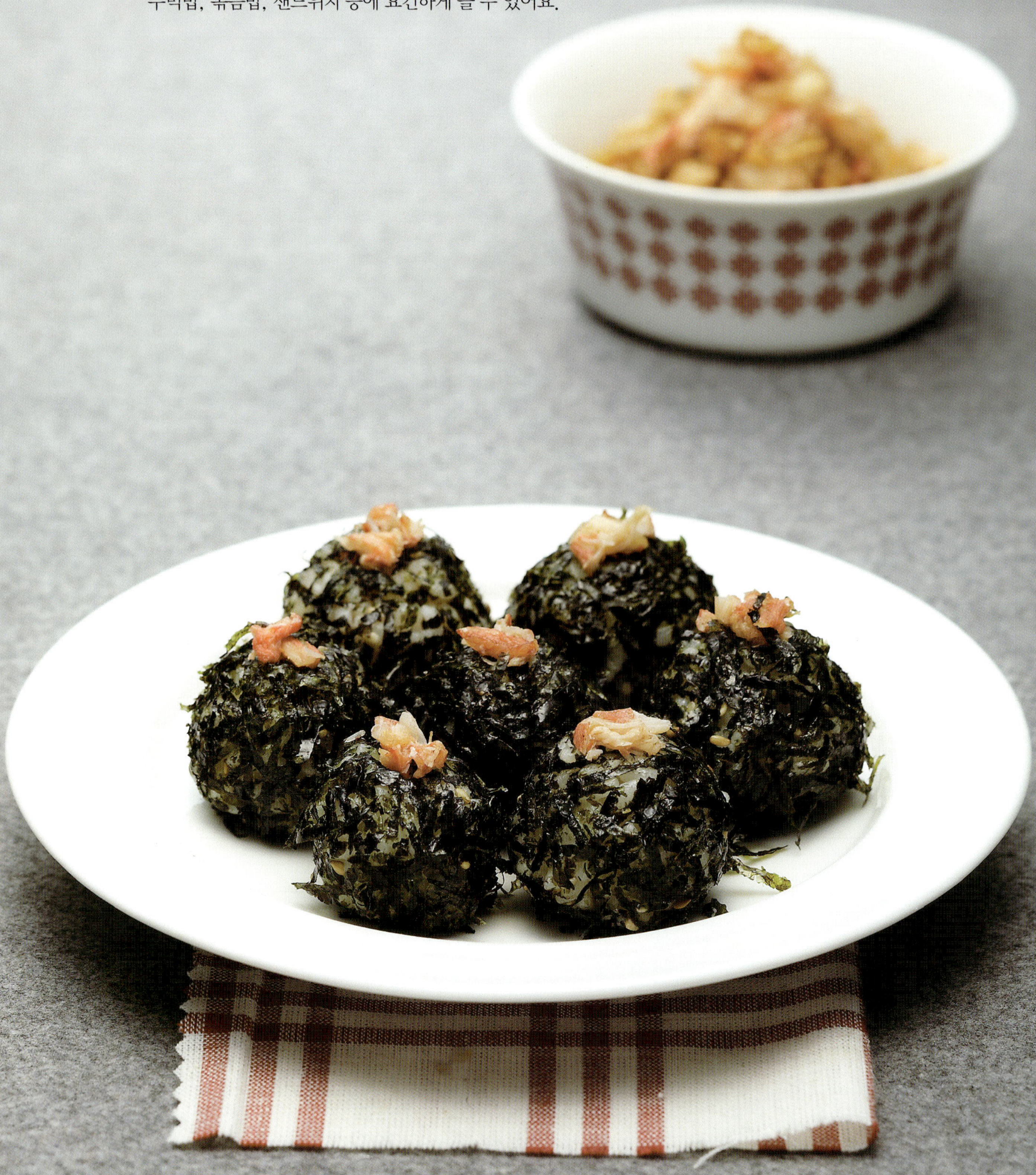

재료

밥 2공기

게살 50g

배추김치 1줌

들기름 · 설탕 · 통깨 · 조미김 적당량

1 게살은 물기를 꼭 짜서 잘게 찢는다.

2 김치는 속을 털어낸 후 잘게 썰어 준비하고 김은 부숴 놓는다.

3 팬에 들기름을 두르고 김치를 볶다가 설탕을 약간 넣어주고 **1**을 넣어 함께 볶는다.

4 따뜻한 밥에 들기름과 통깨를 넣어 섞은 후 적당한 양을 떼내어 가운데 부분에 **3**을 넣어서 동그랗게 빚는다.

5 **4**를 부숴 놓은 김에 굴린다.

모닝빵게살샌드위치

 ··· 모닝빵 4개, 게살 50g, 사과 1/2개, 당근 1/4개, 오이 1/4개, 마요네즈 약간

❶ 게살은 물기를 꼭 짜서 잘게 찢는다.

❷ 사과, 당근, 오이는 잘게 다진다.

❸ 볼에 ❶과 ❷를 넣고 마요네즈를 넣어 섞어 버무린다.

❹ 모닝빵에 ❸을 채워 완성한다.

두부 게살 리소토

아이가 밥을 잘 안먹으려고 할 때
색다른 밥을 해주세요. 바로 리소토지요.
아이들이 좋아해서 한 그릇 뚝딱이랍니다.

Ready

재료 쌀 1컵, 두부 1/2모, 게살 50g, 당근
1/4개, 애호박 1/4개, 다진 마늘 0.5큰술,
다시마 육수 2컵, 소금 · 후춧가루 약간씩

Recipe

1 쌀은 깨끗이 씻어 체에 밭쳐 물기를 뺀다.

2 게살은 물기를 꼭 짜서 잘게 찢는다.

3 당근과 애호박은 잘게 다져 준비하고, 두부도 깍둑 썰어 놓는다.

4 팬에 올리브유를 두르고 다진 마늘과 다진 당근을 넣어 볶다가 쌀을 넣어 볶는다.

5 **4**에 애호박과 게살을 넣어 볶다가 다시마 육수를 자작하게 붓고 두부를 넣어 조린다.

6 **5**가 충분히 조려지면 소금과 후춧가루로 간을 한다.

단호박에는 식이섬유, 미네랄, 탄수화물, 당질이 풍부하고
비타민 A·B·C·E 등이 들어 있어요.
따뜻한 성질이 있으면서 비타민이 풍부하여 감기 예방에 탁월하지요.
단호박은 익힐수록 당도가 높아져요. 익혀서 부드러운 상태로 섭취하면
위장이 약한 노인이나 아이들에게 좋아요.

ready

재료 단호박 1/3통, 감자 1개, 버터 1큰술, 밀가루 1큰술, 우유 2컵, 생크림 1컵, 소금·후춧가루 약간씩

Recipe

1 단호박은 씨와 껍질을 제거하고, 감자는 껍질을 벗겨 찜통에 찐다. 다 찌면 뜨거울 때 으깬다.

2 팬에 버터와 밀가루를 넣어 볶다가 **1**과 우유를 부어 저어가며 끓인다.

3 **2**에 생크림을 넣어 끓이고, 소금과 후춧가루로 간을 한다.

버섯류는 항암 작용이 많아요. 그중 으뜸이 표고버섯인데요,
표고버섯에 함유된 베타글루칸 성분은 면역력을 증진시키고
암세포를 억제하여 암예방에 도움을 주지요. 표고버섯은
채소보다 2배 많은 비타민 $B_1 \cdot B_2$를 가지고 있어요.
버섯을 좋아하지 않는 아이들도 버섯비빔밥을 만들어주면
잘 먹어요.

재료

밥 2공기

느타리버섯 1줌

표고버섯 3개

새송이버섯 1개

팽이버섯 1줌

달걀 2개

양파 1/2개

깻잎 5장

상추 3장

고추장 · 참기름 · 소금 약간씩

1 각각의 버섯을 먹기 좋은 크기로 썰고 양파는 채 썰고 깻잎은 적당한 크기로 썬다.

2 팬에 기름을 둘러 양파를 볶다가 각종 버섯을 넣어 볶아주고 마지막에 소금 간을 약간 한다.

3 상추도 작게 썰어 준비한다.

4 달걀 프라이를 한다.

5 그릇에 밥을 담고 **2**를 보기 좋게 담은 후 **3**과 **4**를 얹는다.

6 고추장과 참기름을 함께 낸다.

PLUS MENU

버섯리소토

… 쌀 1컵, 느타리버섯 4~5개, 양송이버섯 3개, 양파 1/2개, 당근 1/4개, 다진 마늘 0.3큰술, 닭고기 육수 2.5컵, 올리브유 · 소금 · 후춧가루 약간씩

❶ 쌀은 씻어서 체에 밭쳐 물기를 빼 둔다.

❷ 양파와 당근은 잘게 다져놓는다.

❸ 느타리버섯은 살짝 데쳐 작게 썰고 양송이버섯도 적당한 크기로 썬다.

❹ 팬에 올리브유를 두르고 다진 마늘을 넣어 볶다가 쌀을 넣어 볶는다.

❺ ❹에 다진 당근과 양파를 넣어 볶는다.

❻ ❺에 느타리버섯과 양송이를 넣고 육수를 자작하게 부어 저어가며 볶는다. 육수는 한번에 다 넣지 말고 잠길 정도로 부어가며 조린다.

❼ ❻이 충분히 조려지면 소금과 후춧가루로 간을 한다.

우엉에 암세포를 파괴시키는 물질이 들어 있다는
사실이 발표되면서 암 예방 식품으로 주목받고 있어요.
육류와 함께 조리하여 그 효과를 발휘하게 해주세요.

재료

밥 2인분

닭다리살 2장

우엉 50g

양파 1/2개

당근 1/4개

표고버섯 2개

녹말물 2큰술

올리브유 · 소금 · 후춧가루 약간씩

소스

두반장 1큰술

간장 1큰술

설탕 0.5큰술

닭 밑간

양파즙 3큰술

다진 마늘 0.5큰술

청주 1큰술

소금 · 후춧가루 약간씩

육수

가쓰오부시 육수 2컵

Recipe

1 닭다리살은 껍질을 제거하고 먹기 좋은 크기로 썰어 밑간해 둔다.

2 **1**에 소스를 넣어 버무려 둔다.

3 우엉은 필러로 껍질을 벗긴 후 식초물에 담가 아린 맛을 빼주고 끓는 물에 삶아 잘게 썬다.

4 양파와 당근도 잘게 썰고, 표고버섯은 납작 썬다.

5 팬에 기름을 두르고 우엉, 당근, 양파, 표고버섯을 넣어 볶는다.

6 **5**에 **2**를 넣어 볶다가 육수를 넣어 조린다.

7 **6**에 녹말물을 부어 농도를 맞추고, 소금과 후춧가루로 간을 한 후에 밥에 올린다.

PLUS MENU

우엉조림

Ready … 우엉 300g, 물(우엉이 잠길 만큼), 참기름 1큰술, 통깨 약간
조림장 간장 2큰술, 설탕 1큰술, 물엿 1.5큰술, 청주 1큰술

Recipe

❶ 우엉은 필러로 껍질을 벗긴 후 식초물에 담가 아린 맛을 빼주고 끓는 물에 삶아 얇게 채 썬다.

❷ 팬에 조림장을 넣고 끓으면 ❶을 넣어 서서히 조린다.

❸ ❷가 졸아들면 참기름과 통깨를 넣어 버무린다.

고구마브로콜리수프

고구마에는 몸속에서 비타민 A로 전환되는 베타카로틴이 풍부한데,
이는 항산화 물질로 암세포와 싸우는 것을 도와주지요. 고구마와 비타민 C가
풍부한 브로콜리와 조화를 이룬 부드럽고 색감 좋은 수프입니다.

Ready

재료 고구마 1개, 브로콜리 1/2줌, 버터 2큰술, 우리밀 3큰술, 우유 2컵, 생크림 1/2컵, 체다치즈 1장

Recipe

1 고구마는 껍질을 벗기고 적당한 크기로 잘라 찜통에 찐 후 으깬다.

2 브로콜리는 손질하여 소금물에 살짝 데쳐 놓는다.

3 믹서에 **1**, **2**와 우유를 넣어 갈아준다.

4 팬에 버터를 두르고 우리밀을 넣어 볶다가 **3**을 넣어 끓인다.

5 **4**에 생크림을 넣어 끓이다가 치즈를 넣고 끓여 마무리한다.

150

우리나라 요리에서 빠지지 않는 향신 재료인 대파는
몸을 따뜻하게 해주며 위장 기능을 도와주지요. 감기 기운이 있을 때
파뿌리를 끓여 먹으면 효능이 있고, 파에 들어 있는
알리신 성분은 면역력 향상에 도움을 주어요.

Ready

재료 달걀 4개, 대파 1대, 팽이버섯 1줌,
당근 1/3개, 양파 1/2개, 멸치다시마 육수
6컵, 다진 마늘 0.5큰술, 국간장 · 소금 ·
후춧가루 약간씩

Recipe

1 팽이버섯은 밑동을 자르고, 파는 잘게 다진다.

2 당근과 양파는 채 썰어 준비한다.

3 달걀은 그릇에 풀어놓는다.

4 냄비에 멸치다시마 육수를 붓고 당근과 양파, 버섯을 넣어 끓인다.

5 4가 끓어오르면 다진 마늘을 넣고 풀어놓은 달걀을 돌려가며 붓는다.

6 5에 다진 파를 넣고 국간장, 소금, 후춧가루로 간을 한다.

버섯 육개장

버섯에는 단백질, 지방, 미네랄, 니아신, 비타민 $D \cdot B_2$ 등이 함유되어 있어요.
특히 비타민 B_2는 성장을 촉진시켜 주지요. 아이들에게 버섯 먹이기가 쉽지 않은데요,
쇠고기와 함께 육개장을 끓여 고기와 버섯을 함께 먹이면 잘 먹는답니다.
육개장을 끓일 때 말린 버섯을 넣으면 비타민 D가 풍부해서 칼슘의 흡수가 좋아져요.

재료

쇠고기 양지머리 300g

팽이버섯 1줌

느타리버섯 1/2줌

무 100g

고사리 1/2줌

숙주 1/2줌

대파 1대

쇠고기 육수 7컵

고춧가루 1.5큰술

다진 마늘 1큰술

국간장 · 소금 · 후춧가루 약간씩

쇠고기 밑간

간장 1큰술

다진 파 1큰술

다진 마늘 0.5큰술

참기름 0.5큰술

1 무와 쇠고기를 삶아서 쇠고기는 찢어 밑간을 해두고, 무는 먹기 좋은 크기로 썰어 둔다.

2 고사리와 숙주는 끓는 물에 데쳐 먹기 좋은 크기로 썰어 둔다.

3 팽이버섯은 밑동을 자르고 느타리버섯은 찢어 준비한다.

4 대파는 큼직하게 썬다.

5 무, 고사리, 숙주, 파에 다진 마늘, 고춧가루, 국간장을 넣어 무쳐놓는다.

6 냄비에 쇠고기 육수와 **5**를 넣어 끓이다가 **3**과 밑간한 쇠고기를 넣어 한소끔 더 끓인다.

7 **6**에 소금과 후춧가루로 간을 한 후 뭉근하게 끓여준다.

닭안심버섯볶음

 ··· 닭 안심 6쪽, 피망 1/2개, 느타리버섯 1/2줌, 표고버섯 3개, 당근 1/3개, 양파 1/2개

닭안심 밑간 청주 2큰술, 소금 · 후춧가루 약간씩

소스 굴소스 1큰술, 간장 0.5큰술, 물엿 1큰술, 청주 1큰술, 참기름 0.5큰술, 다진 마늘 0.5큰술, 후춧가루 약간

❶ 닭 안심은 먹기 좋게 썰어 밑간해 둔다.

❷ 피망, 당근, 양파는 채 썰어 준비한다.

❸ 느타리버섯은 찢어 두고, 표고버섯은 기둥을 떼고 채 썰어 준비한다.

❹ 팬에 기름을 두르고 ❶을 넣어 볶다가 당근, 양파를 넣어 볶고 피망을 넣는다.

❺ ❹에 ❸을 넣어 볶는다.

❻ ❺에 소스를 넣어 한 번 더 볶아준다.

식이섬유가 풍부한 버섯과 콜레스테롤이 높은 고기를
함께 섭취하면 버섯이 콜레스테롤의 수치를 낮추는 역할을 해요.
달큰한 쇠고기버섯전골에 밥을 말아주면 맛있게 잘 먹는답니다.

재료

쇠고기 불고기감 200g

다시마 육수 5컵

표고버섯 4개

느타리버섯 1/2줌

팽이버섯 1봉지

양송이버섯 6개

두부 1/2모

양파 1/2개

대파 1대

애호박 1/2개

당근 1/3개

다진 마늘 0.5큰술

국간장 · 소금 · 후춧가루 약간씩

쇠고기 밑간

간장 2큰술

다진 마늘 0.5큰술

청주 1큰술

참기름 0.5큰술

설탕 0.5큰술

후춧가루 약간

1 쇠고기는 먹기 좋게 썰어 밑간을 해둔다.

2 느타리버섯은 찢어 놓고 팽이버섯은 밑동을 잘라 놓는다. 표고버섯은 기둥을 제거하여 채 썰고 양송이버섯은 모양을 살려 썬다.

3 두부는 먹기 좋게 썰고 양파와 당근은 채 썬다.

4 애호박은 반달 모양으로 썰고 파는 어슷 썬다.

5 전골냄비에 각종 재료를 골고루 둘러 담고 가운데에 고기를 얹는다.

6 5에 다시마 육수를 넣어 끓이다가 끓어오르면 국간장, 소금, 후춧가루로 간을 한다.

버섯카레부침

 … 느타리버섯 1/2줌, 팽이버섯 1줌, 당근 1/5개, 양파 1/2개, 부침가루 1컵, 카레가루 2큰술, 달걀 1개, 소금 · 물 적당량

❶ 느타리버섯은 가늘게 찢고 팽이버섯은 밑동을 제거한다.

❷ 당근과 양파는 채 썬다.

❸ 볼에 부침가루, 카레가루, 달걀, 물을 넣어 반죽하고 ❶, ❷를 넣고 소금으로 간을 한다.

❹ 팬에 기름을 두르고 ❸을 떠 넣어 앞뒤로 노릇하게 지진다.

배추는 우리나라 식탁에 매일 오른다고 해도 과언이 아닐 정도로
친근한 식재료이지요. 배추에는 우유 못지않은 칼슘이 들어 있고
비타민 $A \cdot B_1 \cdot B_2 \cdot C$, 칼륨, 철 등도 풍부해 영양 만점이에요.
또한 섬유질이 풍부해 소화흡수를 돕고 장 운동에도 도움을 주지요.
된장국으로 끓여 주면 구수한 맛에 잘도 먹어요.

재료

알배기배추 1/2통

들깨가루 5큰술

대파 1/2대

멸치다시마 육수 6컵

된장 3큰술

다진 마늘 0.5큰술

1 배추는 씻은 후 끓는 물에 소금 약간 넣어 데친 후 찬물에 헹궈 물기를 꼭 짜서 먹기 좋게 썬다.

2 **1**을 된장과 다진 마늘을 넣어 무쳐놓고, 파는 어슷 썬다.

3 냄비에 멸치다시마 육수를 붓고 끓이다가 **2**를 넣어 한소끔 더 끓인다.

4 **3**에 들깨가루를 넣어 한소끔 더 끓인다.

들깨가루는요,

들깨가루를 넣어 요리할 때는 오래 끓이지 않는 게 좋아요. 들깨에는 몸에 좋은 오메가3 지방산이 들어 있는데, 열을 가하면 파괴되어 국물과 들깨가 분리돼요. 그래서 마지막에 들깨가루를 넣고 한소끔 끓으면 바로 먹는 게 좋아요.

꽃게는 단백질, 칼슘, 비타민이 풍부하고
지방 함량은 적은 저지방 고단백 식품이에요.
게다가 필수아미노산도 풍부해요. 또한 특유의
감칠맛이 있어서 아이들도 좋아해요.

재료

꽃게 3마리

무 1/3개

애호박 1/3개

양파 1/2개

대파 1대

청고추 · 홍고추 1개씩

멸치다시마 육수 8컵

쑥갓 1/2줌

양념장

다진 마늘 1큰술

된장 0.5큰술

고추장 1큰술

고춧가루 2큰술

다진 생강 0.3큰술

국간장 2큰술

소금 · 후춧가루 약간씩

1 꽃게는 흐르는 물에 솔로 구석구석 잘 씻어서 손질한 후 먹기 좋은 크기로 토막 낸다.

2 무는 나박 썰고 애호박은 반달 썰고 양파는 채 썬다.

3 대파, 청고추, 홍고추는 어슷 썰고 쑥갓도 먹기 좋은 길이로 썬다.

4 냄비에 멸치다시마 육수를 부어 끓어오르면 무와 꽃게를 넣고 끓인다.

5 양념장은 미리 섞어 두었다가 **4**가 끓어오르면 풀어 넣는다.

6 **5**에 애호박, 양파, 청 · 홍고추를 넣어 끓인다.

7 **6**에 대파와 쑥갓을 넣어 더 끓여주고 모자란 간은 소금, 후춧가루로 한다.

게살달걀탕

 … 게살 1/2줌, 닭육수 2컵, 달걀 2개, 다진 파 1큰술, 물녹말 · 소금 · 후춧가루 약간씩

❶ 게살은 잘게 찢어 준비해 둔다.

❷ 육수에 **❶**을 넣어 끓이다가 물녹말을 넣어 농도를 맞춘 후 달걀을 풀어 저어준다.

❸ **❷**에 다진 파를 넣고 소금, 후춧가루로 간을 맞춘다.

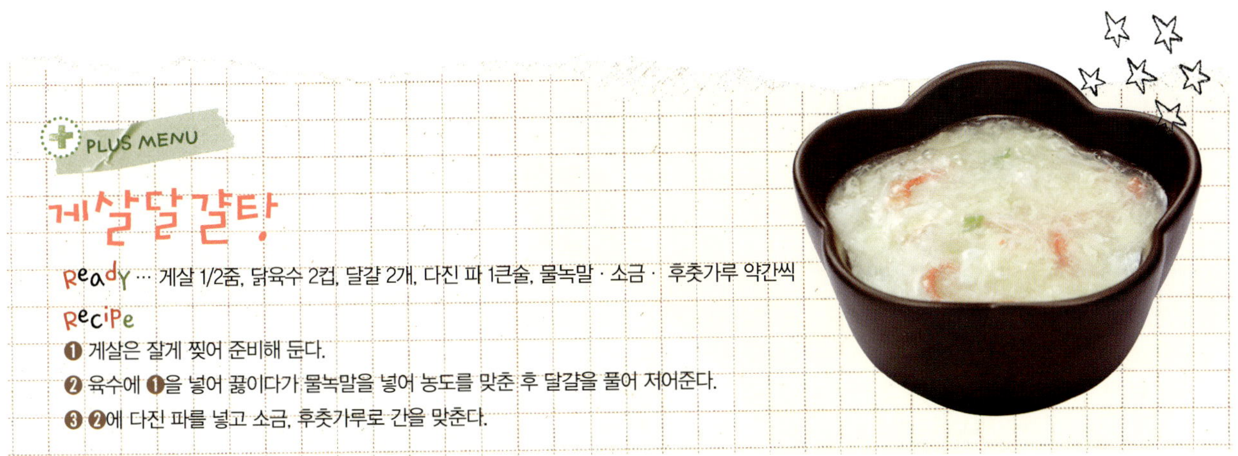

홍합은 칼슘의 흡수를 돕는 비타민 D의 함량이 높아
뼈와 근육을 튼튼하게 해주지요. 김치와 함께 국을 끓이면
감칠맛이 더해져 그 맛에 반한답니다.

재료

홍합 1kg

배추김치 1/3포기

대파 1/2대

멸치다시마 육수 4컵

다진 마늘 0.5큰술

소금 약간

Recipe

1 홍합은 솔을 사용해 표면을 손질한 후 여러 번 씻고 잔털을 빼준다.

2 김치는 먹기 좋은 크기로 썰고 대파는 어슷 썬다.

3 냄비에 멸치다시마 육수와 김치를 넣어 한소끔 끓어오르면 홍합을 넣어 끓인다.

4 **3**에 다진 마늘과 대파를 넣고 소금으로 간을 한다.

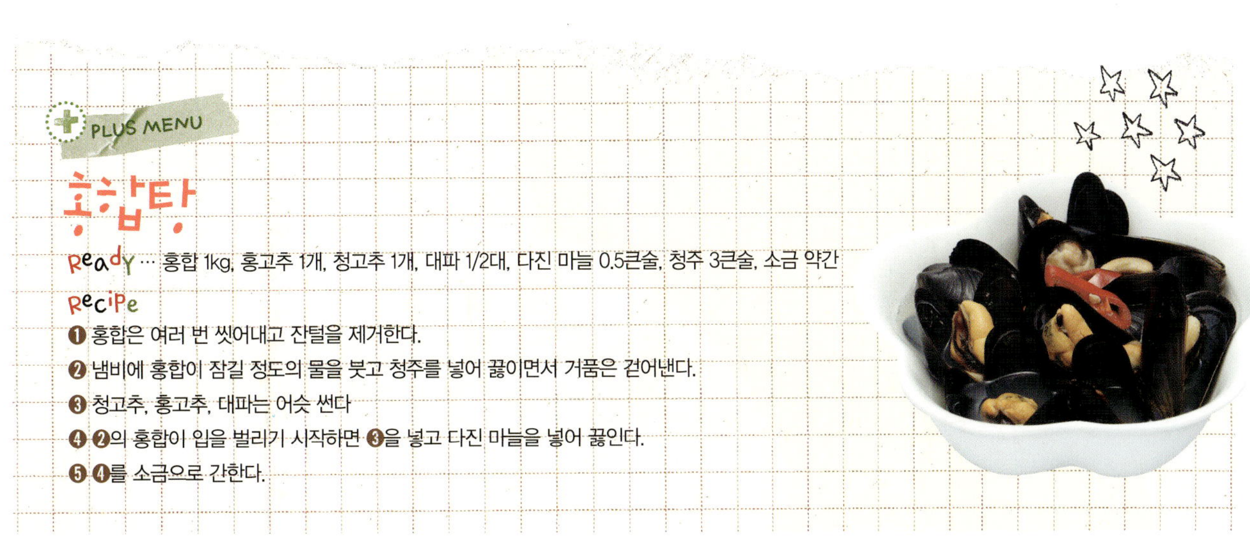

홍합탕

Ready … 홍합 1kg, 홍고추 1개, 청고추 1개, 대파 1/2대, 다진 마늘 0.5큰술, 청주 3큰술, 소금 약간

Recipe

1 홍합은 여러 번 씻어내고 잔털을 제거한다.

2 냄비에 홍합이 잠길 정도의 물을 붓고 청주를 넣어 끓이면서 거품은 걷어낸다.

3 청고추, 홍고추, 대파는 어슷 썬다

4 **2**의 홍합이 입을 벌리기 시작하면 **3**을 넣고 다진 마늘을 넣어 끓인다.

5 **4**를 소금으로 간한다.

홍합미역국

홍합은 각종 미네랄이 풍부하여 빈혈 예방에 좋아요.
미역국에 홍합을 넣으면 시원한 국물 맛이 일품이지요.

Ready

재료 홍합살 1줌, 건미역 10g, 멸치다시마 육수 4컵, 다진 마늘 0.5큰술, 참기름 · 국간장 · 소금 약간씩

Recipe

1 건미역은 물에 불려 주물러 가며 씻은 후 물기를 빼고 적당한 길이로 썬다.

2 홍합살은 깨끗이 씻어 물기를 빼 준비한다.

3 냄비에 참기름을 두르고 1을 넣어 볶다가 다진 마늘과 2를 넣어 볶는다.

4 3에 멸치다시마 육수를 붓고 끓이다가 국간장과 소금으로 간을 한다.

꽁치는 값이 저렴하면서도 영양가가 풍부하지요.
꽁치에 들어 있는 EPA 성분은 동맥경화 예방에 효과적이고,
DHA는 기억력과 학습 능력을 좋게 해요.

Ready

재료 꽁치 2마리, 배추김치 1/2포기, 대파 1/2대, 양파 1/2개, 다시마 육수 3컵, 소금·후춧가루 약간씩
양념장 고추장 0.5큰술, 생강즙 1큰술, 고춧가루 0.3큰술, 다진 마늘 1큰술, 청주 1큰술

Recipe

1 김치는 먹기 좋은 크기로 썰고, 양파는 채 썰고, 대파는 어슷 썬다.

2 꽁치는 다듬어 깨끗하게 씻은 후 양념장에 잠시 재워 둔다.

3 냄비에 육수를 붓고 꽁치와 김치를 넣어 끓인다.

4 **3**이 끓으면 대파와 양파를 넣어 한소끔 더 끓인 후 소금과 후춧가루로 간을 한다.

땅콩소스닭꼬치구이

땅콩에 들어 있는 비타민 E는 항산화 작용을 하며,
레시틴과 비타민 B군은 성장기 어린이의 머리를 맑게 해주지요.
아이들은 꼬치를 참 좋아해요.

Ready

재료 닭다리살 300g

닭고기 밑간 간장 2큰술, 설탕 0.5큰술, 양파즙 2큰술, 청주 2큰술, 생강가루 0.5큰술, 후춧가루 약간

땅콩 소스 땅콩버터 1큰술, 마요네즈 1큰술, 물엿 0.5큰술, 다진 양파 0.5큰술

Recipe

1 닭다리살은 먹기 좋은 크기로 썰어 꼬치에 끼워 1시간 정도 밑간해 둔다.

2 1을 팬에 구워 어느 정도 익으면 땅콩 소스를 발라가며 굽는다.

생강소스꽁치구이

꽁치에 함유된 필수아미노산은 달걀 다음으로 우수하며,
쇠고기와 비교하였을 때 비타민 A는 3~4배,
칼슘은 약 15배나 들어 있는 영양이 풍부한 식품이에요.

Ready

재료 꽁치 4마리, 굵은 소금 적당량

생강 소스 간장 3큰술, 식초 1큰술, 물 2큰술, 설탕 0.5큰술, 저민 생강 1/2큰술

Recipe

1 꽁치는 깨끗하게 씻은 후 칼집을 비스듬히 넣어준다.

2 **1**에 소금을 뿌려 간을 한다.

3 생강 소스 재료를 팬에 넣고 한소끔 끓인다.

4 **2**를 그릴에 구워 익어갈 무렵 생강 소스를 발라서 다시 굽는다.

갈치카레구이

갈치는 인, 칼슘, 칼륨 같은 무기질이 풍부하고
비타민 A, B, E 등의 영양소를 포함하고 있어서 성장 발육,
야맹증, 빈혈 방지에 좋은 식품이에요. 갈치를 구울 때
카레가루를 묻혀 주면 색도 노릇노릇 예쁘고 냄새도 향긋한
갈치구이가 된답니다.

재료

갈치 1마리

전분 2큰술

카레가루 1큰술

소금 약간

Recipe

1 갈치는 토막 내어 흐르는 물에 씻은 후 소금을 뿌려 둔다.

2 **1**에 칼집을 낸다.

3 전분과 카레가루를 고루 섞는다.

4 **2**에 **3**을 앞뒤로 골고루 묻힌 후 노릇하게 굽는다.

+ PLUS MENU

갈치단호박조림

Ready … 갈치 1마리, 단호박 1/2개, 양파 1/2개, 대파 1/2대
조림장 다시마육수 1/2컵, 고춧가루 0.5큰술, 설탕 0.5큰술, 물엿 0.5큰술,
청주 2큰술, 간장 1큰술, 생강즙 0.5큰술, 다진 마늘 0.5큰술

Recipe

1 갈치는 토막 내어 깨끗하게 씻어 준비한다.

2 양파는 채 썰고 대파는 어슷 썬다.

3 단호박은 씨를 제거한 후 반달 모양으로 썬다.

4 냄비에 단호박과 양파를 깔고 갈치를 얹어 대파를 올린 후 조림장을 넣어 뭉근히 조린다.

연어에는 오메가3 지방산이 풍부하여 혈액에 쌓인
노폐물을 체외로 배출시키고, 백혈구의 활동을 조절하면서
항염 작용을 하여 면역력을 높여 주지요.
그 밖에 비타민 A·D, 칼슘 등도 풍부하여 아이들에게
좋은 식품이에요. 레스토랑에서 먹는 것처럼 근사하게
대접하면 아이가 환호한답니다.

재료

연어 2조각

양파 1/2개

양송이버섯 6개

버터 · 레몬즙 · 소금 · 후춧가루 약

간씩

1 연어는 소금, 후춧가루, 레몬즙을 뿌려 밑간해 둔다.

2 양파는 채 썰고 양송이버섯은 모양을 살려 썬다.

3 팬에 버터를 두르고 **1**을 넣어 앞뒤로 노릇하게 구워낸다.

4 양파와 양송이버섯도 버터에 볶은 후 **3**과 함께 접시에 담아낸다.

+ PLUS MENU

연어버섯말이

Ready ··· 훈제 연어 100g, 팽이버섯 1/2줌, 느타리버섯 1/2줌, 양파 1/2개,
파프리카 1/2개, 굴소스 1큰술, 참기름 약간

Recipe

❶ 느타리버섯은 얇게 찢어 준비하고, 양파와 파프리카는 채 썬다.

❷ 팬에 기름을 두르고 양파를 볶다가 버섯을 넣어 볶고 마지막에 파프리카를 넣어 볶는다.

❸ ❷에 굴소스를 넣어 버무리듯 볶아주고 참기름을 살짝 둘러 마무리한다.

❹ 훈제 연어를 펼치고 ❸을 가지런히 올려 돌돌 말아준다.

고등어는 대표적인 등푸른 생선으로 단백질, 지방, 칼슘,
비타민 A·D 등의 영양소와 DHA가 많이 함유되어 있어요.
고등어는 맛이 좋아 아이들이 좋아하는 생선 중 하나이지요.
그냥 굽는 방법 말고 고추장 양념장을 발라 구워주면 생선을
싫어하는 아이들도 잘 먹는답니다.

재료

고등어 1마리

새송이버섯 3개

양념장

고추장 0.5큰술

물엿 0.5큰술

다진 마늘 0.3큰술

다진 파 약간

간장 약간

1 고등어는 깨끗이 씻어 물기를 제거하고, 새송이버섯은 납작하게 썰어 놓는다.

2 그릴에 새송이버섯과 고등어를 굽는다.

3 **2**가 거의 익어갈 무렵 양념장을 발라 다시 굽는다.

고등어김치조림

Ready … 고등어 1마리, 김치 적당량, 양파 1/2개, 대파 1/2대
조림장 다시마육수 1/2컵, 고춧가루 0.5큰술, 설탕 0.5큰술, 물엿 0.5큰술,
청주 2큰술, 간장 1큰술, 생강즙 0.5큰술, 다진 마늘 0.5큰술

Recipe
❶ 고등어는 손질 후 어슷하게 토막 내어 깨끗하게 씻어 준비한다.
❷ 양파는 채 썰고 대파는 어슷 썬다.
❸ 김치는 소를 털어낸다.
❹ 냄비에 김치와 양파를 깔고 고등어를 얹어 대파를 올린 후 조림장을 넣어 뭉근히 조린다.

밤에는 단백질, 탄수화물, 칼슘, 비타민 A·B·C 등이 함유되어 있어요. 풍부한 단백질과 탄수화물은 근력을 키우고 근육을 생성하는 데 도움을 주어 아이들의 성장 발육에 효과적이지요. 고기를 좋아하는 아이들을 위해서 갈비찜에 밤을 넣어 영양을 더했답니다.

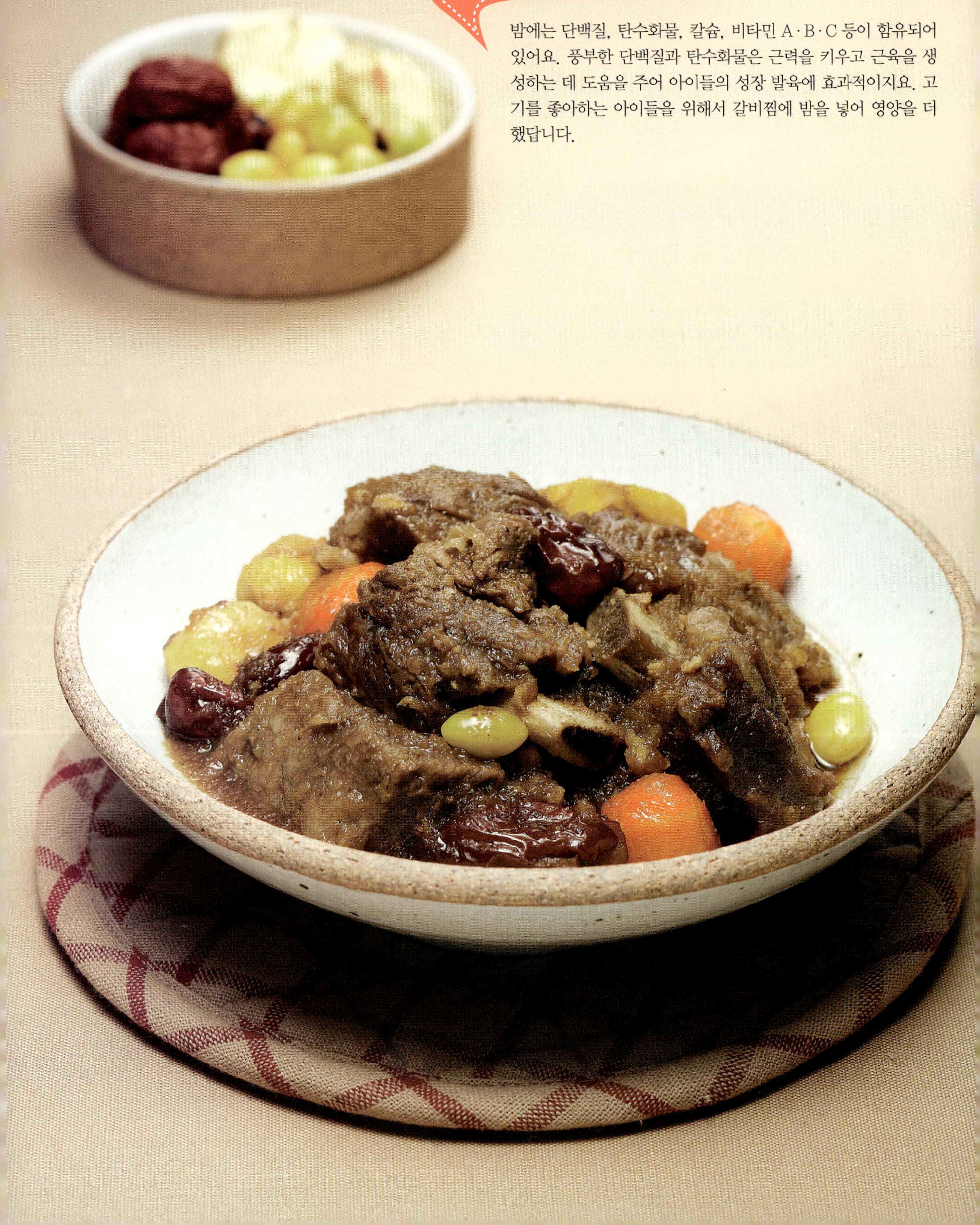

재료

쇠고기 800g

밤 10개

은행 10개

대추 4개

당근 1/2개

대파 1대

양념장

간장 8큰술

청주 2큰술

물엿 3큰술

다진 마늘 2큰술

양파즙 2큰술

배즙 4큰술

후춧가루 약간

1 갈비는 물에 담가 핏물을 뺀 후 데쳐서 칼집을 낸다.

2 밤과 은행은 껍질을 벗기고 대추는 씨를 뺀다.

3 당근은 적당한 크기로 썰어 모서리를 둥글려 놓고 대파는 어슷 썬다.

4 양념장은 섞어 놓는다.

5 냄비에 **1**을 넣고 양념장을 넣어 잠길 정도로 물을 부어 끓인다.

6 **5**가 한소끔 끓어오르면 다른 부재료를 넣고 조린다.

쇠고기는요,

쇠고기에는 필수아미노산이 풍부하게 들어 있어요. 필수아미노산이 부족하면 성장이 더디고 체내 저항력이 떨어져서 면역력이 약해지지요. 또한 쇠고기의 단백질은 성장호르몬과 신체를 유지하는 데 관여하므로 아이들에게 꼭 먹여야 해요.

우엉은 보통 김밥 쌀 때 외에는 잘 쓰이지 않는 식재료지요.
뿌리채소인 우엉에는 식이섬유가 많이 들어 있어요.
돼지고기에 우엉을 넣으면 부족한 섬유소를 채우고
독소 배출도 해주어 면역력에도 좋아요.

재료

길쭉하게 썬 돼지고기 1줌

우엉 100g

피망 1/2개

당근 1/5개

양파 1/2개

굴소스 1큰술

다진 마늘 0.5큰술

다진 파 1큰술

간장 0.5큰술

참기름 · 통깨 약간씩

돼지고기 밑간

다진 마늘 0.5큰술

청주 1큰술

소금 · 후춧가루 약간씩

Recipe

1 돼지고기에 밑간을 한다.

2 우엉은 필러로 껍질을 벗긴 후 식초물에 담가 아린 맛을 빼주고 끓는 물에 삶아 작게 썬다.

3 피망, 당근, 양파는 채 썰고 파는 다진다.

4 팬에 기름을 두르고 다진 마늘을 볶다가 고기를 넣어 볶는다.

5 4에 우엉과 당근을 넣어 볶는다.

6 5에 양파와 피망을 넣어 볶다가 굴소스와 간장을 넣어 볶는다.

7 6에 다진 파와 참기름을 넣어 볶다가 통깨를 뿌린다.

Tip

우엉은요,

우엉에는 암을 예방하고 항균 작용을 하는 리구닌이라는 성분이 들어 있어요. 우엉에 많이 들어 있는 식이섬유는 장 활동을 촉진시키고, 이눌린 성분은 신장의 기능을 좋게 하여 이뇨 작용을 도와줍니다. 우엉을 썰 때는 단면적이 넓어지도록 어슷썰기를 하면 좋아요. 우엉을 고를 때는 껍질에 흠이 적고 매끈한 것이 좋아요. 보관할 때는 껍질을 벗기지 말고 신문지에 싸서 냉장실에 넣어 두세요.

대하에 들어 있는 필수아미노산은 성장호르몬에 관여하여
아이들 근육과 뼈를 튼튼하게 해주어요. 특히 가을철 새우에는
글리신이 풍부해 맛이 더욱 좋답니다.
새우 껍질에 들어 있는 키토산은 면역력을 높여주지요.
버터를 발라 구워주면 바삭하여 잘 먹는답니다.

재료

대하 10마리

다진 마늘 0.5큰술

버터 2큰술

다진 파프리카 2큰술

허브솔트 약간

1 대하는 깨끗하게 씻은 후 머리를 떼어내고 등껍질을 벗기고 등쪽에 칼집을 깊숙이 내어 검은 내장을 제거한다.

2 대하를 다시 씻은 후 물기를 제거한다.

3 버터와 다진 마늘을 섞는다.

4 파프리카는 잘게 다진다.

5 팬에 버터를 살짝 두르고 2를 중불에서 허브솔트를 뿌려 굽는다.

6 5를 뒤집은 후 3을 얹고 그 위에 4를 얹어 익힌다.

새우는요,

새우는 양질의 단백질과 칼슘, 무기질, 비타민 등이 풍부해 아이들에게 좋을 뿐만 아니라 성인에게도 좋아요. 새우에 풍부한 타우린은 피부에도 좋고 노화 방지 및 체내 불순물 제거 등 각종 성인병 예방에 효과가 있어요. 다만 비타민 C가 부족하니 채소류와 함께 먹는 것이 좋아요.

대하를 고를 때는 몸이 투명하고 윤기가 나면서
껍데기가 단단한 것이 좋아요. 새우에는 비타민 C가
부족하므로 콩나물처럼 비타민 C가 풍부한 채소와
함께 섭취하면 효과적이에요.

Ready

재료

대하 10마리

콩나물 1줌

홍합 10개

양파 1/2개

대파 1/2대

당근 1/4개

청고추 · 홍고추 1/2개씩

다시마 육수 2컵

녹말물 3큰술

대하 밑간

청주 1큰술

레몬즙 · 소금 · 후춧가루 약간씩

양념

고춧가루 2큰술

간장 3큰술

다진 마늘 0.5큰술

설탕 1큰술

참기름 0.5큰술

Recipe

1 대하는 깨끗하게 씻은 후 머리를 떼어내고 등껍질을 벗기고 검은 내장을 제거한 후 밑간을 해 둔다.

2 홍합은 솔을 사용해 표면을 손질한 후 여러 번 씻고 잔털을 빼준다.

3 양파, 당근은 채 썰고 대파, 청고추, 홍고추는 어슷 썬다.

4 콩나물은 다듬어 씻은 후 물기를 빼 둔다.

5 양념을 모두 섞어 둔다.

6 팬에 **1**, **2**, **3**을 골고루 넣고 양념을 얹은 후 다시마 육수를 80% 정도 부어 익힌다.

7 **6**에 양념이 고루 섞이면 콩나물을 얹고 녹말물을 부어 농도를 맞추고 뚜껑을 덮어 찐다.

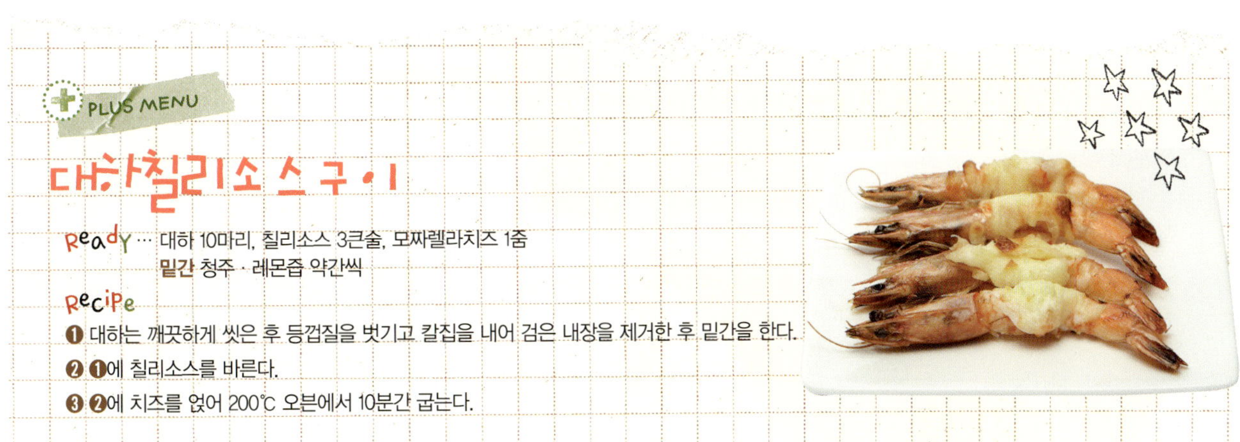

대하칠리소스구이

Ready ··· 대하 10마리, 칠리소스 3큰술, 모짜렐라치즈 1줌

밑간 청주 · 레몬즙 약간씩

Recipe

❶ 대하는 깨끗하게 씻은 후 등껍질을 벗기고 칼집을 내어 검은 내장을 제거한 후 밑간을 한다.

❷ ❶에 칠리소스를 바른다.

❸ ❷에 치즈를 얹어 200℃ 오븐에서 10분간 굽는다.

지친 소에게 낙지 2~3마리를 먹이면 벌떡 일어난다는
이야기가 있을 만큼 낙지는 보양식으로 좋은 식재료예요.
통통한 낙지를 새콤달콤 무쳐주면 쫄깃한 맛에
어찌 그리 잘 먹던지요.

재료
낙지 1마리
브로콜리 1/3개
오이 1/3개
양파 1/2개
대파 1/2대

양념장
고추장 0.5큰술
고춧가루 0.3큰술
매실청 1큰술
설탕 0.5큰술
식초 1큰술
다진 마늘 0.5큰술

Recipe

1 낙지는 먹통과 내장을 제거하고 소금을 뿌려 깨끗하게 주물러 가며 씻어 적당한 크기로 자른다.

2 끓는 물에 약간의 소금을 넣고 **1**을 데쳐 찬물에 헹군다.

3 브로콜리는 먹기 좋은 크기로 썰어 끓는 물에 소금 약간 넣어 데친다.

4 오이는 어슷 썰고 양파는 채 썰고 파는 다진다.

5 볼에 **2, 3, 4**를 넣고 양념장을 넣어 무친다.

낙지는요,

낙지는 어른뿐만 아니라 아이들에게도 보양 식품이에요. 낙지에는 타우린, 단백질, 칼륨, 아연, 비타민 E 등 많은 영양소가 들어 있어요. 특히 저칼로리 식품이면서 담백하고 혈관과 두뇌 건강에 도움을 주는 DHA, EPA가 풍부하지요. 아이가 기운없어 할 때 낙지 요리로 기운나게 해주세요.

낙지에 들어 있는 타우린은 간을 보호하고 신진대사를
원활하게 해주지요. 낙지를 매콤달콤하게 볶아 주면
호호 불어가며 잘 먹는답니다.

재료

밥 2공기

낙지 2마리

양파 1/2개

당근 1/4개

애호박 1/3개

풋고추 2개

대파 1/2대

양념장

고춧가루 1큰술

고추장 0.5큰술

간장 0.5큰술

설탕 0.5큰술

다진 마늘 0.5큰술

청주 1큰술

참기름 0.5큰술

생강즙 1큰술

소금 약간

1 낙지는 먹통과 내장을 제거하고 소금을 뿌려 깨끗하게 주물러 가며 씻어 적당한 크기로 자른다.

2 양파와 당근은 채 썰고, 애호박은 반달 모양으로 썰고, 대파는 어슷 썬다.

3 풋고추는 어슷 썬 후 물에 헹궈 씨를 제거한다.

4 양념장을 모두 섞어 낙지에 버무려 재운다.

5 팬에 기름을 두르고 채소들을 넣어 볶다가 양파가 투명해지면 **4**를 넣어 센불에서 재빨리 볶아낸 후 밥에 얹는다.

낙지무국

 ⋯ 낙지 1마리, 무 1/3개, 다시육수 4컵, 대파 1/2대, 다진 마늘 0.5큰술, 참기름 · 국간장 · 소금 약간씩

❶ 낙지는 먹통과 내장을 제거하고 소금을 뿌려 깨끗하게 주물러 가며 씻어 적당한 크기로 자른다.

❷ 무는 납작하게 썰고 파는 어슷 썬다.

❸ 냄비에 참기름을 두르고 낙지를 볶다가 무를 넣어 볶는다.

❹ ❸에 다시마 육수를 넣어 끓이다가 파를 넣고 국간장과 소금으로 간을 한다.

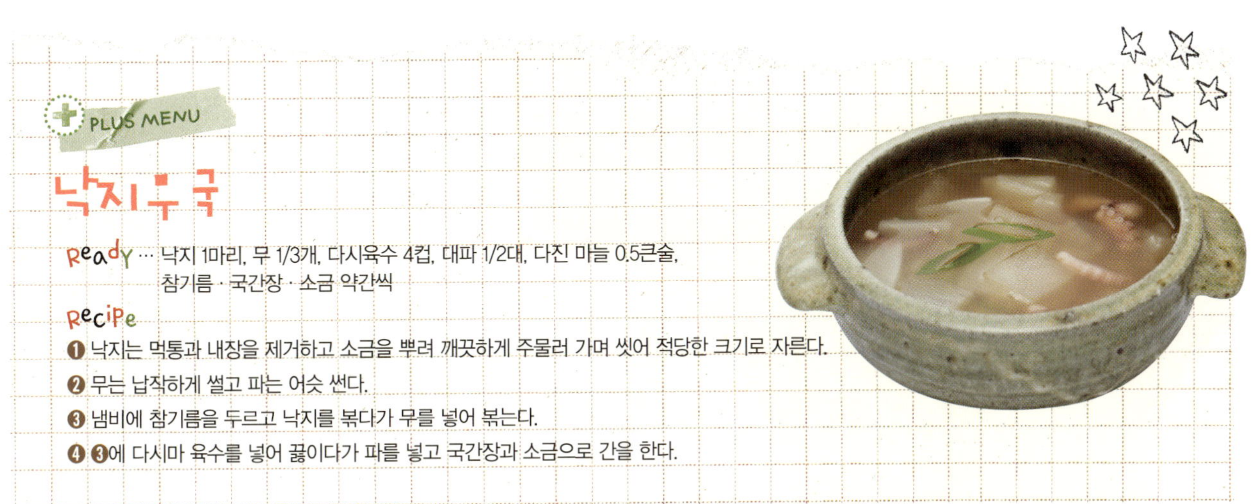

고구마에 들어 있는 뮤틴은 간과 신장을
튼튼히 해주고 면역력을 높여 줍니다. 고구마와 부드러운
닭안심을 볶아 카레를 만들어주면 아이들도 잘 먹어요.

재료

밥 2공기

닭 안심 100g

고구마 1개

양파 1/2개

당근 1/3개

피망 1/2개

카레가루 50g

물 1컵

소금 · 후춧가루 약간씩

닭 밑간

청주 2큰술

소금 · 후춧가루 약간씩

Recipe

1 닭 안심은 먹기 좋은 크기로 썰어 밑간해 둔다.

2 고구마, 당근, 피망, 양파는 깍둑 썰어 놓는다.

3 카레가루는 물에 잘 개어 놓는다.

4 팬에 기름을 두르고 당근, 고구마를 넣어 볶다가 고기를 넣어 볶는다.

5 4에 피망과 양파를 넣어 볶는다.

6 5에 재료가 잠길 정도로 물을 붓고, 개어놓은 카레가루를 넣어 저어가며 끓인다.

7 6에 소금으로 간을 한 후 밥 위에 끼얹는다.

Tip

카레는요,

남녀노소가 즐겨 먹는 음식 중 하나인데요, 카레의 주원료인 노란색 강황에는 비만예방, 치매예방, 암예방 효능으로 유명하지요. 특히 두뇌를 많이 사용해야 하는 아이들에게는 기억력을 높여주고, 채소를 많이 먹일 수 있는 음식이기도 합니다. 엄마에게는 비만예방과 피부미용 효과에 좋아요. 정말 자주 먹어야 하는 음식 중 하나입니다.

『본초강목』에 "배추는 막힌 위장을 뚫어 통하게 하고,
가슴의 답답함을 없애주며, 배추즙을 먹으면
속이 편안해져서 대소변이 잘 나온다"고 씌어 있어요.
몸에 좋은 배추, 정말 아이들에게 잘 먹여야겠죠? 수제비에
배추를 넣어 끓이면 쫄깃한 수제비와 함께 배추 맛도 좋아져요.

재료

수제비 반죽 150g

배춧잎 4장

당근 1/3개

대파 1/2대

멸치다시마 육수 4컵

미소된장 1큰술

다진 마늘 0.5큰술

국간장 · 소금 · 후춧가루 약간씩

Recipe

1 배춧잎은 먹기 좋은 크기로 썰어 데쳐서 미소된장과 다진 마늘을 넣어 무친다.

2 당근은 채 썰고 대파는 잘게 썬다.

3 냄비에 멸치다시마 육수를 넣고 끓어오르면 **1**을 넣어 끓인다.

4 **3**에 수제비 반죽을 얇게 떠 넣고 당근도 넣는다.

5 **4**에 대파를 넣고 국간장, 소금, 후춧가루로 간한다.

✚ PLUS MENU

배추된장무침

Ready … 배추 6~7장, 된장 1큰술, 고추장 0.3큰술, 다진 마늘 0.5큰술,
참기름 · 통깨 · 소금 약간씩

Recipe

❶ 배추는 적당한 크기로 잘라 끓는 물에 소금을 넣어 데쳐낸다.

❷ ❶을 찬물에 헹구고 물기를 꼭 짠다.

❸ 볼에 ❷를 담고 양념을 넣어 무친다.

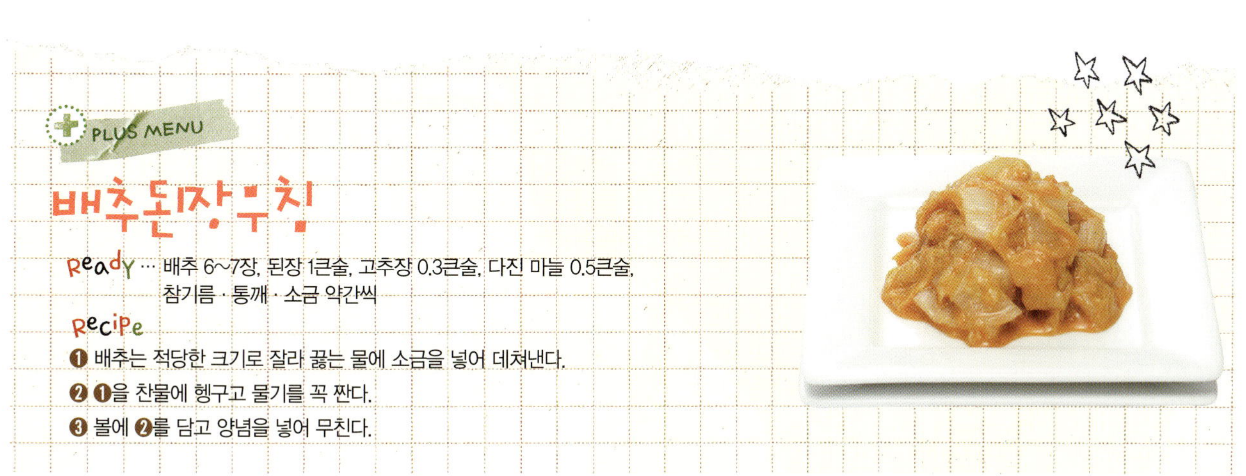

아이들은 달콤새콤한 탕수육을 좋아해요.
연어로 탕수를 만들어 주었더니 역시나 잘 먹더군요.

재료

연어 1토막

오이 1/2개

당근 1/3개

양파 1/2개

사과 1/2개

파인애플 2조각

물녹말 2큰술

소스

물 1컵

식초 3큰술

간장 3큰술

설탕 3큰술

청주 2큰술

튀김옷

녹말가루 1컵

물 3/4컵

달걀 흰자 1개

1 연어는 소금, 후춧가루, 레몬즙을 뿌려 밑간한 후 적당한 크기로 썬다.

2 오이, 당근, 양파, 사과, 파인애플을 적당한 크기로 썬다.

3 소스 재료를 섞어 설탕이 녹을 정도로 젓는다.

4 냄비에 당근, 양파, 오이를 넣어 볶다가 **3**를 넣어 끓인다. 사과와 파인애플을 넣고 물녹말을 넣어 농도를 조절한다.

5 튀김옷을 만들어 연어를 튀겨낸다.

6 **5**를 접시에 담고 **4**를 붓는다.

연어 고르기

연어를 고를 때는 살이 분홍빛을 띠고 윤기가 나며, 살이 단단하고 탄력 있는 것이 좋습니다.

홍합우동

오동통 우동면에 홍합을 넣어 주면 감칠맛 나는 국물과
후루룩 먹는 재미에 잘도 먹는답니다.

재료

우동면 2개

홍합 1kg

당근 1/4개

대파 1/2대

쑥갓 1/2줌

멸치다시마 육수 5컵

다진 마늘 0.5큰술

청주 2큰술

참치액 1큰술

국간장 · 소금 · 후춧가루 약간씩

1 홍합은 솔을 사용해 표면을 손질한 후 여러 번 씻고 잔털을 빼준다.

2 당근은 채 썰고 대파는 어슷 썰고 쑥갓은 적당한 길이로 자른다.

3 냄비에 멸치다시마 육수를 붓고 홍합을 넣어 끓인다.

4 우동면은 삶아내 체에 건져둔다.

5 **3**에 당근, 다진 마늘, 청주, 참치액을 넣어 끓이다가 우동면을 넣는다.

6 **5**에 대파와 쑥갓을 넣어 끓이고 국간장, 소금, 후춧가루로 간을 한다.

Tip

홍합은요,

단백질과 무기질이 풍부한데요, 단백질, 칼슘, 인, 철 등의 무기질은 몸에서 열량을 내고 신진대사를 원활하게 해주어 아이의 체력을 키우는 데 좋아요. 엄마에게도 더없이 좋은데요, 스트레스 해소와 빈혈예방, 유해 산소를 제거해 주어 노화 방지와 피부미용은 물론 여성질환에 효과가 좋답니다. 바다에서 나지만 염분이 없어 홍합 속의 칼륨은 체내 나트륨을 제거해 주는 역할도 한답니다. 홍합이 들어간 국물요리는 정말 감칠맛 나지요. 아이들도 그 맛을 알아서 잘 먹는답니다.

당근머핀

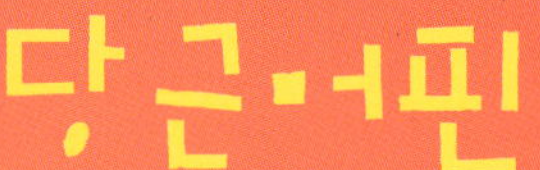

당근은 눈 건강과 시력 보호에 탁월한 효과를 가진 식품이지요.
또한 몸을 따뜻하게 해 인체의 대사기능을 좋게 하여
면역력을 높여 주어요. 특히 철분 흡수를 도와주는 비타민 C와
무기질 성분이 많아, 빈혈을 예방하는 데 좋답니다.
당근을 넣은 머핀은 아이들 간식으로 안성맞춤이에요.

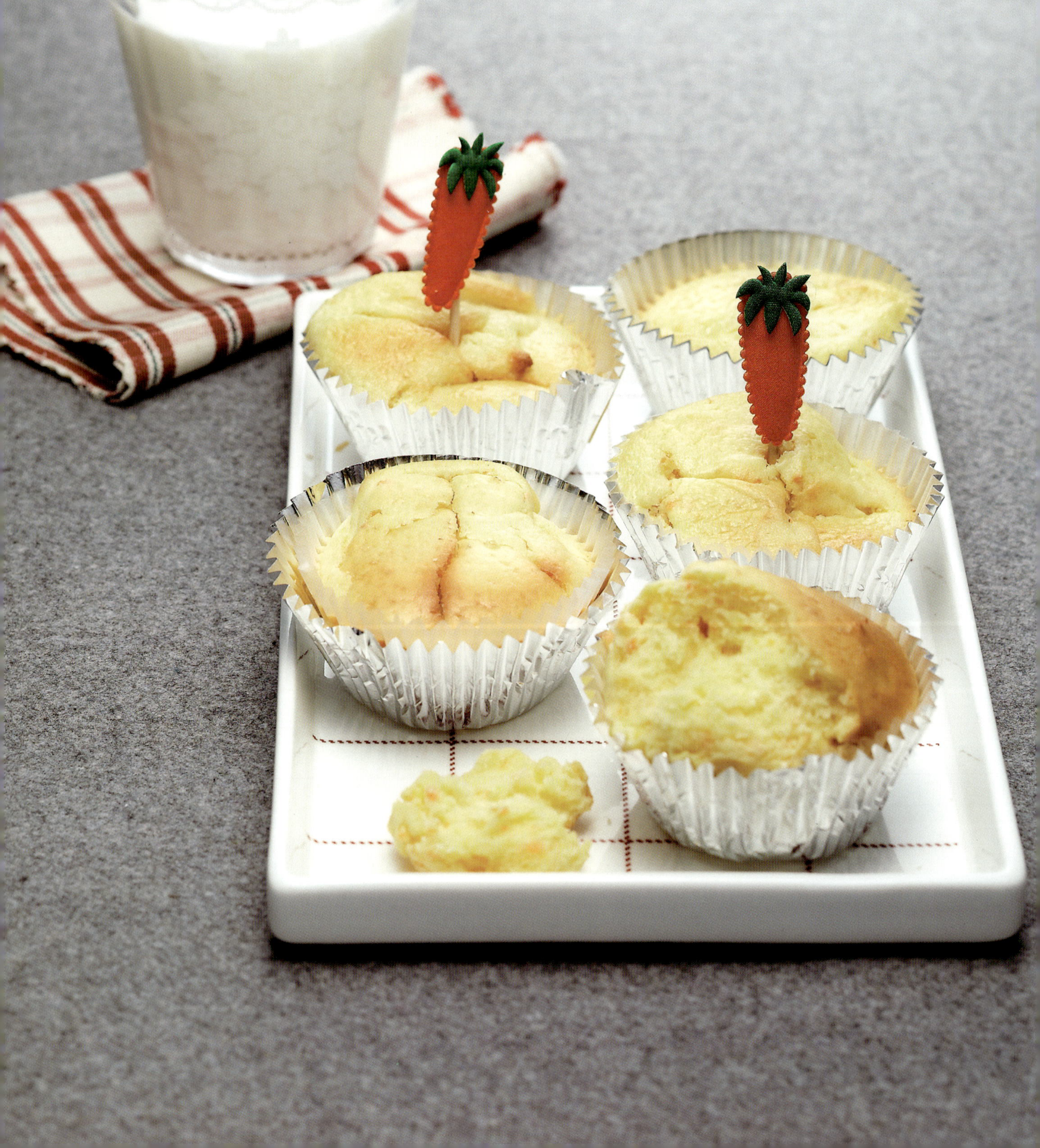

재료

당근 1/2개

박력분 200g

설탕 60g

달걀 2개

버터 150g

우유 100m

베이킹파우더 5g

1 당근은 잘게 다져 놓는다.

2 상온에 둔 버터를 볼에 넣고 거품기로 부드럽게 풀어준 후 설탕을 2회 나눠 넣으며 크림 상태로 만든다.

3 **2**에 달걀을 하나씩 넣어가며 거품기로 저어 부드러운 크림 상태로 만든다.

4 **1**에 약간의 덧가루를 뿌려 **3**에 넣는다.

5 박력분과 베이킹파우더를 섞어 체에 내린 후 **3**에 넣는다.

6 **5**에 우유를 나눠 넣어가며 섞고, 머핀 틀에 유산지를 깔고 반죽을 붓는다.

7 예열된 180℃ 오븐에서 20분간 굽는다.

당근쿠키

Ready … 당근 50g, 박력분 200g, 버터 90g, 달걀 1개, 설탕 60g, 소금 2g

Recipe

❶ 당근은 아주 잘게 다져 준비한다.

❷ 볼에 버터를 넣고 거품기를 사용하여 부드럽게 풀어준다.

❸ **2**에 설탕과 소금을 넣고 크림 상태로 만든다.

❹ **3**에 달걀을 넣고 좀 더 부드러운 크림 상태로 만든다.

❺ 박력분을 체에 친다.

❻ **4**에 **5**와 **1**을 넣어 나무 주걱으로 가볍게 섞는다.

❼ **6**을 비닐에 담아 냉장실에서 30분 정도 휴지시킨 뒤 밀대로 밀어 원하는 모양틀로 찍어낸다.

❽ 예열된 170℃ 오븐에서 12~15분 정도 구워낸다.

감양갱

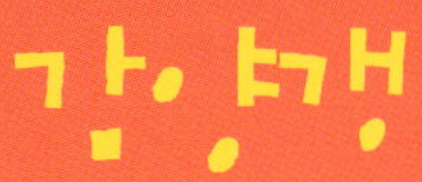

가을철 감은 항암 효과가 뛰어나며 비타민 A · C가 풍부해
감기에 좋아요. 또한 감에 들어 있는 카테킨 성분은
항산화, 항암 작용을 하여 면역력을 높여 주지요. 맛도 좋고
식감도 좋은 감양갱을 아이들이 잘도 먹어요.

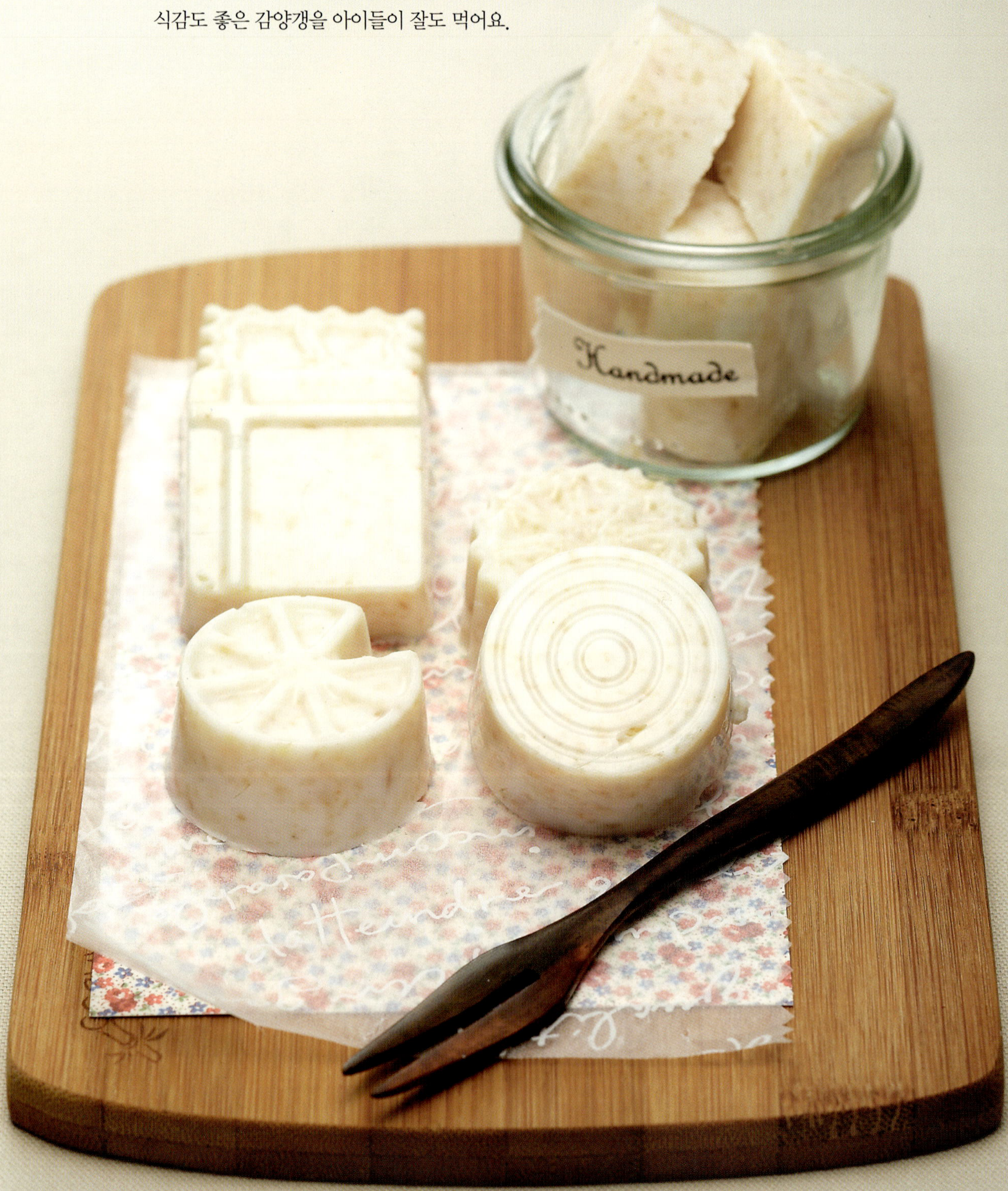

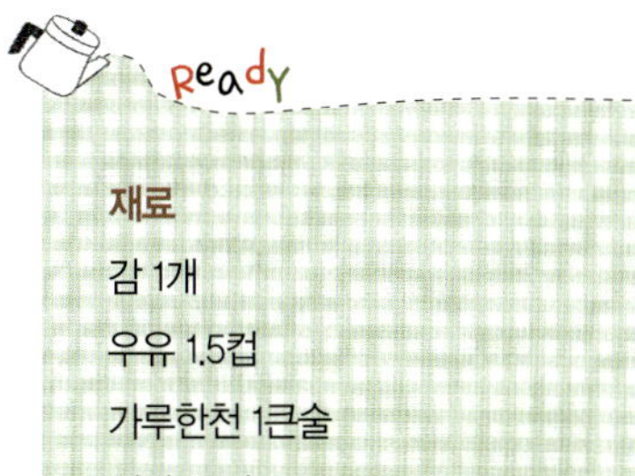

Recipe

1 감은 과육만 잘게 다져 준비한다.

2 냄비에 우유, 가루한천, 설탕을 넣어 가루한천이 녹을 때까지 저어가며 끓인다.

3 **2**에 **1**을 넣어 골고루 섞은 후 원하는 틀에 부어 냉장실에서 1~2시간 정도 굳힌다.

매일 아침 사과 한 개씩만 먹어도 의사가 필요 없다는 말이
있을 정도로 사과는 몸에 좋은 과일이에요.
사과의 펙틴 성분이 체내 콜레스테롤과 독성 물질,
중금속 등을 흡착하여 배출시키고 위와 장이 활발하게
움직이도록 도와줍니다. 결국 면역력이 높아지지요.
샌드위치에 사과를 넣으면 맛도 영양도 2배가 된답니다.

재료

사과 1개

치즈 2장

슬라이스햄 2장

깻잎 4장

삶은 달걀 2개

다진 당근 1큰술

식빵 4장

마요네즈 · 사과잼 · 버터 적당량

1 식빵에 버터를 발라 앞뒤로 노릇하게 굽는다.

2 삶은 달걀을 으깨 다진 당근과 섞어 마요네즈로 버무린다.

3 사과는 면을 따라 슬라이스해서 준비한다.

4 깻잎은 씻은 후 물기를 털어내고 슬라이스햄은 살짝 익힌다.

5 **1**에 사과잼을 바른 후 치즈를 얹고, **2**를 얹은 다음 사과를 골고루 깐다.

6 **5**에 깻잎을 얹고 햄을 얹은 후 식빵을 덮어서 반으로 썬다.

사과를 구우면,

사과샌드위치에 들어가는 사과는 프라이팬에 살짝 구워 넣어도 좋아요. 사과를 구우면 달콤한 맛이 강해지고 더 부드럽답니다.

사과와 밤으로 만든 매시인데요, 달콤하고 고소한 맛이 나
아이들이 참 잘 먹어요. 간식으로도 좋고, 식사할 때 샐러드처럼
내줘도 좋아요. 사과는 다른 과일을 쉽게 숙성시키는 성질이
있기 때문에 다른 과일과 따로 보관하는 것이 좋아요.

재료

사과 1개

밤 10개

마요네즈 3~4큰술

설탕 0.5큰술

1 사과는 작게 썬다.

2 밤은 찜통에 쪄서 알맹이를 으깬다.

3 볼에 **1, 2**와 마요네즈, 설탕을 넣어 골고루 섞는다.

매시 요리는요,

매시(mash)는 으깬 음식을 말해요. '퓌레'와 같지요. 주로 이유식할 때 만들지만 아이들이 아프거나 입맛이 없을 때 만들어주면 부드러워서 잘 먹어요. 다른 매시 요리로는, 단호박에 건포도를 넣어 만들거나 감자와 브로콜리를 넣어 만들어도 좋아요.

면역력에 좋은 밤에 호두를 넣어 달콤한 건강 간식을 만들었어요.
예성이가 어찌나 잘 먹던지요.

재료

밤 15개

슬라이스아몬드 · 호두 · 땅콩 · 검

은깨 적당량

시럽

설탕 2큰술

물엿 2큰술

물 4큰술

올리브유 1큰술

1 밤은 껍질을 벗겨 찜통에 찐다.

2 견과류는 기름을 두르지 않은 팬에 살짝 볶는다.

3 팬에 시럽 재료를 넣어 설탕이 녹을 정도로 끓인다.

4 **3**에 **1**, **2**와 올리브유를 넣어 버무리듯 섞는다.

밤은요,

밤에는 탄수화물, 단백질, 칼슘, 비타민 등이 듬뿍 들어 있어 아이들 성장에 좋아요. 특히 밤에 들어 있는 당분은 소화가 잘되는 양질의 것으로 위장 기능을 강화해 주고 기침 예방, 신장 보호 등에 좋지요.

배 콤포트

최근에 배가 항암 효과에 좋은 식품으로 알려져 주목을 받고 있어요.
배에 함유된 루테올린 성분은 천식, 기관지염에 효과가 커서 예전에는
배숙을 이용해 감기를 다스릴 만큼 감기에 좋은 식품이에요.

Ready

재료 배 2개, 화이트와인 1컵, 설탕 3큰술,
물 1/2컵

Recipe

1 배는 껍질을 벗기고 8등분하여 씨를 뺀다.

2 냄비에 와인, 설탕, 물을 넣고 설탕이 녹을 정도로 끓인다.

3 **2**에 배를 넣고 배가 투명해질 때까지 조린다.

연근을 데친 후 설탕을 넣어 조리는 우리 전통 과자예요.
하나 먹고 또 먹지요.

Ready

재료 연근 300g, 설탕 120g, 식초, 물엿 약간

Recipe

1 연근은 손질 후 0.5cm 두께로 썬다.

2 끓는 물에 식초를 넣고 **1**을 넣어 살짝 데친 뒤 찬물에 헹군다.

3 냄비에 **2**와 설탕을 넣고 연근이 잠길 정도의 물을 부어 자작하게 조린다.

4 **3**에 물엿을 넣고 윤기 나게 서서히 조린다.

5 **4**를 채반에 널어 한나절 정도 말린 후 설탕을 앞뒤로 묻힌다.

아이들 간식으로 쉽게 만들 수 있는 우리 떡을 만들어주세요.
단호박을 넣어 포실포실한 설기를 만들어주면
단맛에 아이가 잘 먹어요.

재료

단호박 1/2통

쌀가루 400g

설탕 4큰술

건포도 2큰술

물 2큰술

소금 0.5큰술

1 단호박은 씨를 제거한 후 껍질째 얇게 자른다.

2 쌀가루에 물을 넣어 비벼 섞고, 설탕과 소금을 넣어 섞어 체에 두 번 내린다.

3 **2**에 건포도를 넣고 골고루 섞는다.

4 김이 오른 찜통에 물을 묻힌 베보자기를 깔고 **3**을 부은 다음 **1**의 단호박을 층층이 깔아 평평하게 편다.

5 **4**를 35분 정도 찐 다음 불을 끄고 5분간 뜸을 들인다.

설기떡은요,

설기떡은 시루에 안쳐서 찐 떡을 말해요. 설기떡은 비교적 집에서 쉽게 만들수 있어요. 재료를 다양하게 넣어 만들 수 있는데요, 쑥을 넣으면 쑥설기가 되지요. 그 외 오미자, 건포도, 녹차가루, 슬라이스아몬드 등을 넣어 포실포실 맛있는 설기떡을 만들어 보세요.

식혜는 우리 전통 음료이지요. 식사 후 식혜를 먹으면
소화가 잘됩니다. 단호박에 풍부한 베타카로틴은 체내에서
비타민 A로 전환되어 눈 건강에도 도움을 주어요.

재료

단호박 1/2통

엿기름 1컵

밥 1공기

설탕 1/3컵

생강즙 0.5큰술

물 8컵

1 엿기름에 물을 부어 1시간 정도 불린 다음, 손으로 조물조물 주물러 체에 밭쳐 거르고 찌꺼기는 버린다.

2 1을 다시 면보에 걸러 그대로 두어 앙금을 가라앉힌다.

3 전기밥솥에 2의 가라앉은 앙금이 들어가지 않도록 조심하며 윗물만 붓고, 밥을 넣어 보온상태에서 4~5시간 삭힌다(밥알이 떠오른 상태).

4 단호박은 씨를 파내고 찜통에서 찐 후 숟가락으로 으깬 다음 체에 걸러 내린다.

5 3의 밥알은 체에 걸러내고 식혜물만 냄비에 넣고 4와 설탕, 생강즙을 넣어 한소끔 끓인다.

6 체에 걸러낸 밥알은 찬물에 두세 번 헹군 뒤 물기를 뺀다.

7 5와 6을 섞어 냉장 보관한다.

식혜는요,

식혜에 사용하는 엿기름은 한방에서 소화를 돕는 약재라고 해요. 식혜는 많은 섬유질을 함유하고 있어요. 식혜가 가지고 있는 효소는 요구르트와 같은 작용을 한다고 해요. 아이들에게 청량음료 대신 식혜를 먹여 주세요.

겨울

자꾸만 움츠러들고 활동량이 줄어드는 겨울에는 추위를 이겨낼 수 있는 따끈한 국물 요리가
제격이지요. 또 비타민 C가 풍부한 시래기나 브로콜리를 이용한 요리도 좋아요.
차가운 겨울바다에서는 대게, 새우, 꽃게, 조개, 매생이, 주꾸미가 한창이니
여러 바다 친구들을 식탁에 초대하여 아이들과 함께 먹으면서 즐거운 추억을 만들어 보세요.

전복을 넣어 죽을 쑤면 전복의 타우린과
비타민 B군이 쌀의 소화를 도와줘요.
전복에는 비타민 $B_1 \cdot B_2$, 니아신, 칼슘, 인,
마그네슘 등 미네랄이 풍부해요.

Ready

재료

쌀 1컵

전복 200g

물 4컵

당근 1/4개

브로콜리 1/4개

양파 1/3개

참기름 · 소금 약간씩

Recipe

1 쌀을 깨끗이 씻어 30분 이상 물에 불린 후 물을 부어 믹서에 살짝 갈아 체에 밭쳐 물기를 뺀다. 거른 물은 버리지 않는다.

2 전복은 솔로 문질러 씻은 후 숟가락 끝으로 살을 떼어내고, 내장과 전복살을 분리한다. 전복살은 비스듬히 얇게 저민다.

3 당근과 양파는 잘게 다지고, 브로콜리는 꽃송이 부분을 다진다.

4 냄비에 참기름을 두르고 **2**를 넣어 볶다가 갈아놓은 쌀을 넣어 볶는다.

5 **4**에 **1**의 거른 물을 붓고 센불에서 끓이다가 중불로 줄여 끓인다.

6 **5**의 쌀이 퍼지면 **3**을 넣고 끓이다가 소금으로 간을 한다.

Tip

전복은요,

전복은 대표적인 보양식이지요. 전복에는 단백질의 일종인 콜라겐 함량이 높고 꼬들꼬들하게 씹는 맛도 좋아요. 아이가 기운없어 하거나 감기 기운이 있을 때 해주면 힘이 번쩍 솟는답니다.

팥찰밥

팥에는 비타민 B군이 많이 들어 있어 신체조직을
회복시키고 식욕부진, 피로감에 좋아요.
또한 항바이러스 물질인 아연, 칼슘, 마그네슘 등의
미네랄도 풍부하여 면역력에 좋아요.
팥을 넣어 잡곡밥을 해주면 찰지고 맛있어
잘 먹는답니다.

재료

찹쌀 1컵

멥쌀 1컵

팥 2/3컵

대추 5개

밤 5알

물 적당량

Recipe

1 찹쌀과 멥쌀은 깨끗하게 씻어 2시간 정도 불렸다가 체에 받쳐 물기를 뺀다.

2 팥은 씻은 후 잠길 정도의 물을 부어 삶아낸다. 팥 삶은 물은 따로 받아둔다.

3 대추는 씨를 빼서 3등분하고, 밤은 껍질을 벗겨 4등분한다.

4 찹쌀과 멥쌀, 팥을 찜통의 면보 위에 놓고 30분 정도 쪄낸다.

5 4에 대추와 밤을 올리고 소금 간을 한 팥물을 부어 30분 정도 더 쪄낸다.

+ PLUS MENU

팥죽

Ready … 팥 1.5컵, 찹쌀 1/2컵, 설탕 1.5큰술, 물
새알심 찹쌀가루 2/3컵, 멥쌀가루 1/3컵, 뜨거운 물 3큰술, 소금 약간

Recipe

1 팥은 냄비에 담아 잠길 정도의 물을 부어 끓여주고, 끓어오르면 물을 따라내고 다시 팥 3배 정도의 물을 부어 푹 삶아낸다.

2 **1**을 체에 받쳐 눌러가며 으깬다.

3 **2**를 그대로 두면 아래에 팥 앙금이 가라앉고 위에는 물이 남는데 윗물은 따라내어 따로 둔다.

4 냄비에 **3**의 윗물과 찹쌀을 씻어 넣어 쌀알이 퍼질 때까지 끓인다.

5 찹쌀가루, 멥쌀가루에 뜨거운 물을 넣어 익반죽한 후 동그랗게 빚는다. 이것을 끓는 물에 넣고 끓여 둥둥 떠오르면 건져내 새알심으로 준비한다.

6 **4**에 **3**의 팥 앙금을 넣어 저어가며 끓이다가 **5**를 넣어 끓이고 소금과 설탕으로 간을 한다.

검은콩죽

검은콩은 대표적인 블랙푸드로 안토시아닌, 비타민 B,
이소플라본, 칼륨, 인, 칼슘 등이 들어 있어요.
특히 이소플라본은 림프 세포를 증가시켜 면역력을 높여 주어요.
밥을 할 때 섞어 주거나 죽을 만들어 주면
고소해서 금방 한 그릇을 비우지요.

재료

쌀 1컵

검은콩 1컵

물 3컵

잣 1큰술

참기름 · 소금 약간씩

1 검은콩은 3시간 정도 물에 불렸다가 냄비에 콩이 잠길 정도로 물을 붓고 끓이다가 냄비 뚜껑을 덮고 약 3~5분 뒤에 불을 끈다. 그리고 체에 거른다.

2 쌀은 씻어 30분 이상 물에 불린 후 믹서에 살짝 갈아주고 체에 밭쳐 물기를 뺀다.

3 믹서에 검은콩과 잣을 넣고 물을 부어 곱게 갈아 체에 걸러 콩물을 만든다.

4 냄비에 참기름을 두르고 갈아 놓은 쌀을 넣어 볶다가 쌀이 투명해지면 **3**의 콩물을 넣어 끓이고 소금으로 간을 한다.

콩자반

 … 검은콩 1컵, 물 1.5컵
조림장 간장 4큰술, 물엿 2.5큰술, 청주 1큰술, 설탕 1큰술, 통깨 약간

1 검은콩은 깨끗이 씻어 하루 정도 불린다.

2 냄비에 불린 콩을 넣고 살짝 잠길 정도의 물을 부어 삶는다.

3 물이 졸아들고 콩이 익으면 간장과 청주를 넣어 끓인다.

4 **3**이 자작하게 졸아들면 설탕과 청주를 넣어 조려주고 통깨를 뿌린다.

'바다의 우유'로 불리는 굴은 영양학적으로 완전식품에 가까워요.
아미노산, 글리코겐 형태의 당질, 철분, 아연, 칼슘, 인, 비타민 A · B 등이
골고루 함유되어 있어요. 특히 아연이 풍부해 세포의 재생을 촉진시켜
피부를 윤택하게 해주고 입맛을 돋워 주어요.
굴을 넣어 밥을 지어 양념을 넣어 비벼 주면 잘 먹어요.

재료

굴 100g

쌀 1.5컵

시금치 1/2줌

당근 1/4개

1 쌀은 깨끗이 씻어 30분 정도 불린 후 체에 밭쳐 물기를 뺀다.

2 굴은 옅은 소금물에 씻어 두고, 시금치도 손질 후 씻어 3등분으로 썰고, 당근도 작게 썬다.

3 솥에 쌀을 안치고 시금치, 당근, 굴을 넣어 밥을 짓는다.

4 밥이 완성될 즈음 약불에서 5분 정도 뜸을 들인다.

5 **4**에 양념장을 곁들여 낸다.

굴은요,

굴은 글리코겐의 함량이 높은데요, 글리코겐은 필요할 때 바로 에너지로 사용할 수 있어요. 소화흡수가 잘 되어 장의 기능을 높여 주어 아이들에게도 좋은 식품이지요. 굴을 씻을 때 무 간 것을 넣어 함께 씻으면 굴의 비린 맛이 제거되고 더 싱싱하고 맛있어요.

쇠고기무국

무 하면 떠오르는 가장 큰 기능은 소화력 향상인데요,
이는 무에 소화를 촉진시켜주는 효소가 다량 함유되어 있기 때문이에요.
무는 위를 튼튼하게 하고 소화불량을 없애 주며 몸의 열을 제거해 주고,
항균 작용, 항암 작용에도 효과적이에요.
쇠고기와 함께 국을 끓여 주면 훌훌 잘 먹는답니다.

재료

쇠고기 100g

무 1/3개

대파 1/2대

다시마 육수 6컵

다진 마늘 0.5큰술

국간장 · 소금 · 후춧가루 약간씩

쇠고기 밑간

참기름 0.5큰술

소금 · 다진 마늘 · 후춧가루 약간씩

1 쇠고기는 먹기 좋게 썰어서 밑간해 둔다.

2 무는 나박 썰어 놓고, 파는 작게 어슷 썬다.

3 냄비에 참기름을 두르고 고기를 볶다가 익기 시작하면 무를 넣어 볶는다.

4 **3**에 다시마 육수를 붓고 끓이다가 다진 마늘과 파를 넣고 국간장과 소금, 후춧가루로 간을 한다.

쇠고기무국 끓일 때,

만약 아이가 고기 씹는 걸 힘들어한다면 쇠고기를 곱게 다져 양념한 후 동그랗게 빚어 고기 완자를 만들어 끓여 주면 잘 먹는답니다.

조개순두부탕

조개에 포함된 타우린 성분은 혈압 조절, 동맥경화와 당뇨병 예방에 좋으며
철분이 함유되어 있어 빈혈 예방에도 도움이 돼요.
순두부와 함께 부드럽게 끓여주면 시원한 맛이 일품이에요.

재료

모시조개 150g

순두부 400g

대파 1/2대

양파 1/2개

물 5컵

새우젓 1큰술

소금 · 후춧가루 약간씩

Recipe

1 모시조개는 깨끗이 씻어 해감한 후 물에 소금을 약간 넣어 끓인다.

2 **1**을 체에 밭치고 육수는 면보에 한번 걸러준다.

3 **2**의 육수를 냄비에 붓고 끓어오르면 순두부를 떠 넣는다.

4 대파는 어슷 썰고 양파는 채 썰어 둔다.

5 **3**이 끓으면 **4**를 넣고 새우젓으로 간을 한다.

6 삶아 놓은 모시조개를 넣어 한소끔 더 끓이고, 소금과 후춧가루로 간을 한다.

+ PLUS MENU

조개볶음우동

 ··· 우동면 2인분, 모시조개 10개, 양파 1/2개, 피망 1/2개, 양배
추잎(대) 2장, 대파 1/2대, 당근 1/5개, 다진 마늘 0.5큰술
양념 다시마 육수 1.5컵, 간장 2큰술, 고추장 1.5큰술, 고춧가
루 1큰술, 물엿 1.5큰술, 설탕 0.3큰술, 요리술 2큰술

Recipe

❶ 모시조개는 깨끗이 씻어 해감한다.

❷ 우동면은 삶아 익힌 후 찬물에 헹궈 체에 밭쳐 물기를 뺀다.

❸ 양파, 피망, 양배추, 당근은 먹기 좋은 크기로 썰고, 대파는 어슷 썬다.

❹ 팬에 오일을 두르고 다진 마늘을 넣어 볶다가 당근을 넣어 볶고 다른 채소들을 넣어 살짝
볶아준 후 양념을 넣는다.

❺ ❹에 모시조개를 넣고 ❷를 넣어 간이 고루 배도록 볶아주고 다진 파를 넣어 걸쭉하게 볶는다.

시래기된장국

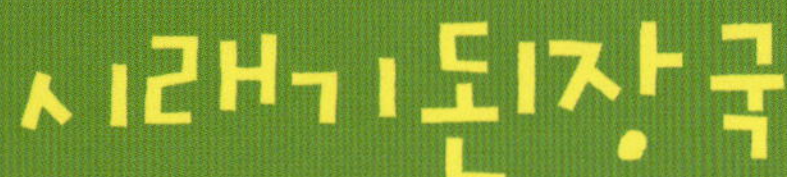

시래기는 무청을 말린 것으로, 비타민 A·C가 풍부하고
항산화 작용과 활성산소 활동을 억제시켜 줘요.
무청에 함유된 칼슘은 빈혈을 예방하고, 치아와 뼈를 튼튼하게 하고,
식이섬유가 풍부해 장 운동을 원활하게 해주지요. 된장국으로 끓여 주면
구수한 맛에 아이들도 잘 먹어요.

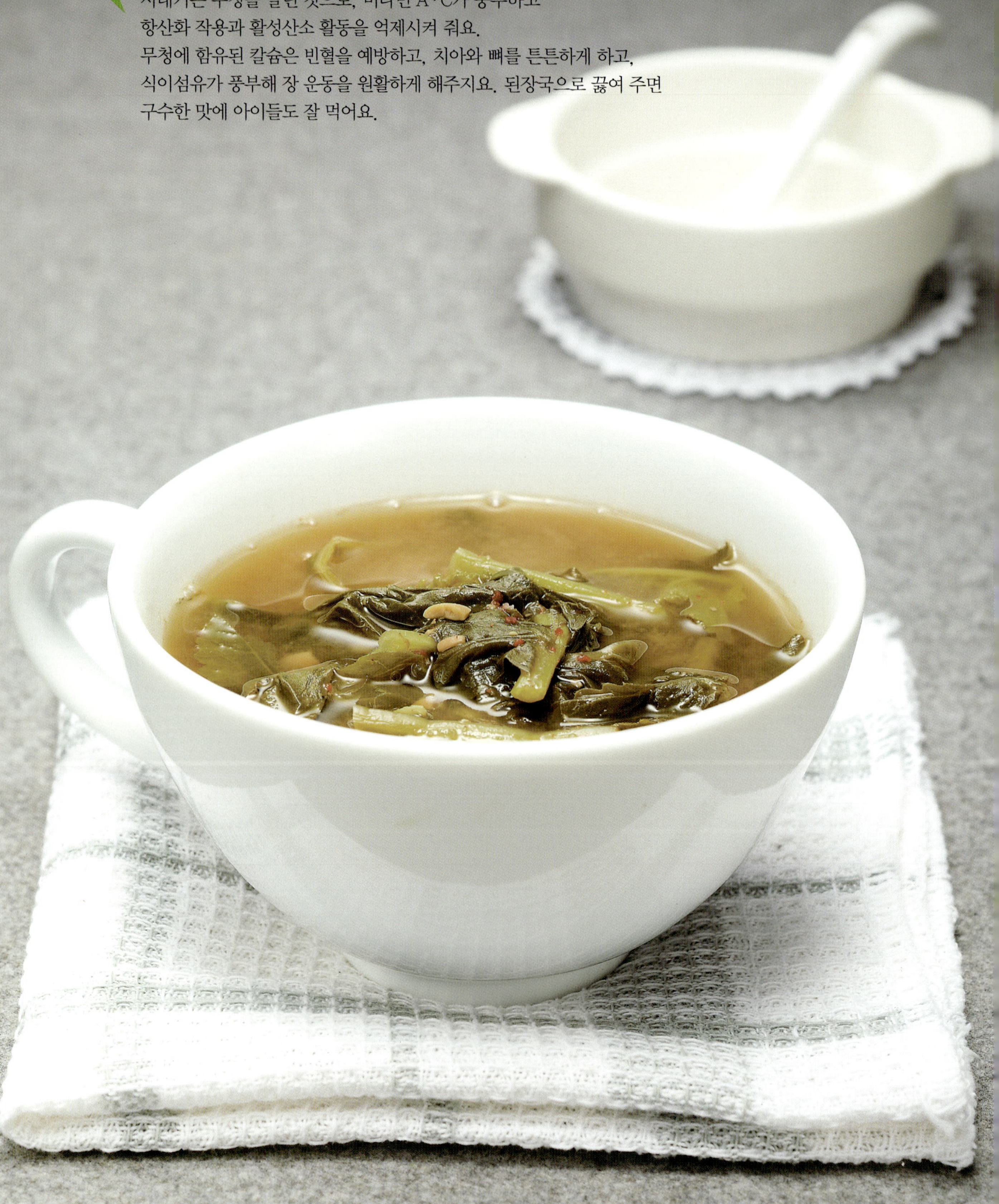

재료

시래기 1줌

다시마 육수 4컵

된장 1.5큰술

고춧가루 0.5큰술

다진 마늘 0.5큰술

국간장 약간

1 시래기는 껍질을 벗기고 삶아 부드럽게 한 후 먹기 좋은 크기로 썬다.

2 냄비에 다시마 육수를 넣어 끓기 시작하면 된장을 풀어 넣는다.

3 **2**에 **1**을 넣어 끓이다가 다진 마늘을 넣어 끓이고, 고춧가루를 넣은 후 모자란 간은 국간장으로 맞춘다.

시래기조림

Ready … 시래기 1줌, 멸치 육수 1컵, 들깨가루 2큰술, 참기름 약간
양념 된장 1큰술, 국간장 0.5큰술, 고춧가루 0.5큰술, 다진 마늘 0.5큰술,
다진 파 1큰술, 매실액 0.5큰술

Recipe

❶ 시래기는 껍질을 벗기고 삶아 부드럽게 한 후 먹기 좋은 크기로 썬다.

❷ ❶에 양념을 넣어 무친다.

❸ 팬에 참기름을 두르고 ❷를 볶다가 멸치 육수를 넣고 끓이다가 들깨가루를 넣어 은근한
불에서 조린다.

매생이국

매생이란 '생생한 이끼를 바로 뜯는다'는 뜻의
순우리말이에요. 매생이는 5대 영양소가 고루
함유된 겨울철 건강식품이지요. 칼슘, 철분,
요오드 등 각종 무기염류와 비타민 A·C가 함유되어
있어 골다공증과 고혈압 예방, 어린이 성장에도
도움을 주어요. 겨울에는 매생이 요리를 놓치지
말고 꼭 해보세요.

재료

매생이 200g

굴 200g

다진 마늘 1큰술

멸치다시마 육수 6컵

참기름 1큰술

국간장 · 소금 약간씩

1 찬물에 매생이를 넣고 흔들어가며 서너 번 깨끗이 씻고 체에 받쳐 물기를 뺀다.

2 굴은 옅은 소금물에 씻은 후 체에 받쳐 물기를 뺀다.

3 냄비에 참기름을 두르고 굴과 다진 마늘을 넣어 볶다가 멸치다시마 육수를 붓고 끓인다.

4 **3**이 끓어오르면 매생이를 넣어 한소끔 끓인다.

5 **4**를 국간장과 소금으로 간을 한다.

매생이는요,

매생이는 파래와 비슷하지만 파래보다 부드럽고 감칠맛과 구수한 맛이 있어요. 매생이에는 현대인에게 부족한 영양소가 풍부하게 들어 있어요. 특히 칼슘, 마그네슘 등의 무기염류 등은 뼈를 구성하고 신경을 안정시키는 역할을 해요. 남은 매생이는 씻어 물기를 뺀 후 비닐팩에 넣고 납작하게 만들어 공기를 뺀 다음 냉동실에서 한 달 이상 보관할 수 있어요.

다시마어묵조림

다시마의 미끈거리는 성분은 알긴산으로, 알긴산은 장 속에서
콜레스테롤, 염분을 배출시켜 주어요.

 **Ready**

재료 다시마 30g, 어묵 100g, 청고추 1개, 물 1컵, 간장 2큰술, 설탕 1큰술, 청주 1큰술, 통깨 약간

Recipe

1 다시마는 물에 담가 불린다.

2 어묵은 먹기 좋은 크기로 길쭉하게 썰고, 청고추는 어슷 썬다.

3 **1**의 다시마를 얇게 채 썬다.

4 다시마 우린 물과 간장, 설탕, 청주를 넣어 끓이다가 **2**와 **3**을 넣어 조린다.

5 **4**에 통깨를 뿌린다.

호두멸치볶음

호두는 날것으로 먹어도 좋고
각종 요리에 넣어도 효과적이에요.
사용 후 남은 호두는 밀봉하여 냉동 보관하세요.

Ready

재료 호두 1줌, 멸치 1줌, 다진 마늘 0.5
큰술, 올리브유 1큰술, 간장 1큰술, 물엿 1
큰술, 청주 1큰술, 설탕 0.5큰술, 참기름
0.5큰술, 통깨 약간

Recipe

1 호두와 멸치는 마른 팬에 볶은 후 체에 털어 불순물을 제거한다.

2 팬에 기름을 두르고 다진 마늘을 볶아 향을 낸다.

3 **2**에 간장, 청주, 설탕을 넣어 저은 후 **1**을 넣어 재빨리 볶는다.

4 **3**이 촉촉해지면 물엿, 참기름, 통깨를 넣어 섞는다.

콜리플라워해물볶음

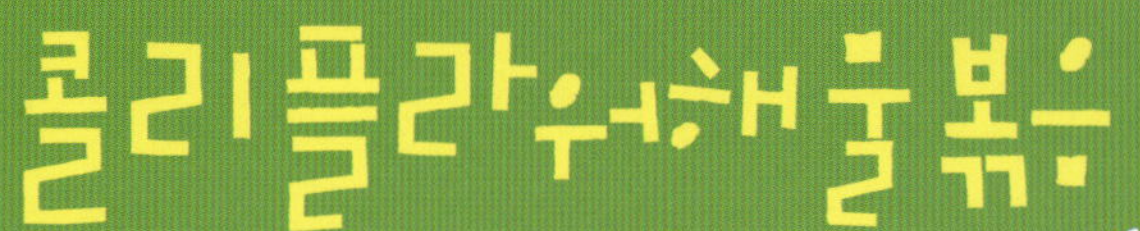

콜리플라워에는 항알러지 효과가 있어서 천식과 피부 알러지 증상을 완화시키는 데 도움을 주며, 비타민 C가 풍부해 면역 체계를 강화해 주어요. 콜리플라워에 함유된 비타민 C는 가열해도 손상이 적어 다양한 요리에 활용할 수 있어요. 아이들이 좋아하는 해물을 넣어 볶아주면 잘 먹는답니다.

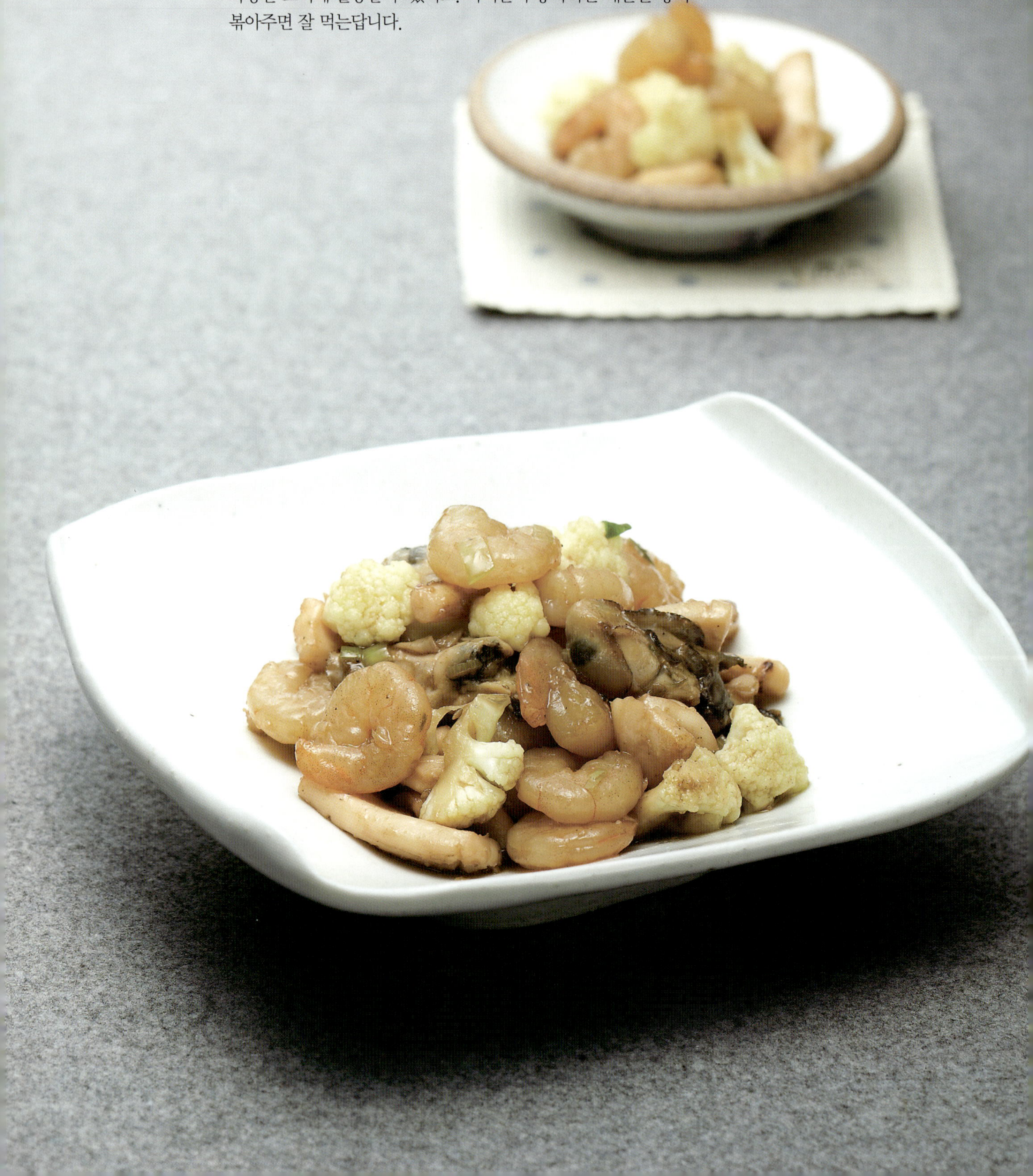

Ready

재료

콜리플라워 1/3개

오징어 1/2마리

굴 50g

새우살 50g

다진 파 1큰술

굴소스 1큰술

청주 1큰술

물엿 0.5큰술

다진 마늘 0.5큰술

소금 · 후춧가루 약간씩

Recipe

1 오징어는 칼집을 내어 먹기 좋은 크기로 썰고, 새우살은 흐르는 물에 씻어 둔다.

2 굴은 옅은 소금물에 씻어 두고, 콜리플라워는 작은 송이로 썰어 데친다.

3 팬에 기름을 두르고 다진 마늘을 넣어 볶다가 오징어를 넣어 볶는다.

4 3에 굴과 새우살을 넣어 볶다가 굴소스, 청주, 물엿을 넣어 볶는다.

5 4에 다진 파를 넣고 소금과 후춧가루로 나머지 간을 한다.

PLUS MENU

콜리플라워스크램블

Ready … 달걀 2개, 콜리플라워 1/2개, 당근 1/5개, 애호박 1/6개, 양파 1/3개, 소금 · 후춧가루 약간씩

Recipe

❶ 콜리플라워는 작은 송이로 썰고 당근, 애호박, 양파는 잘게 다진다.

❷ 달걀은 풀어 둔다.

❸ 팬에 기름을 두르고 당근을 볶다가 애호박, 양파, 콜리플라워를 볶는다.

❹ 3에 풀어 둔 달걀을 넣어 한쪽 방향으로 저으며 익힌다.

❺ 4에 소금과 후춧가루로 간한다.

주꾸미에는 필수아미노산, 타우린, DHA 등의 불포화지방산, 철분 등이 풍부해요.
아이들 두뇌 발달에도 좋지요. 또한 주꾸미의 먹물 속에는 항암 작용을 하는
성분이 들어 있어요. 영양 만점 주꾸미로 겨울철 건강식을 챙겨 보세요.

재료

주꾸미 200g

콩나물 1/2줌

당근 1/4개

애호박 1/3개

양파 1/2개

깻잎 10장

청고추 1개

홍고추 1개

대파 1/2대

양념

고추장 1큰술

고춧가루 1큰술

간장 1큰술

다진 마늘 1큰술

설탕 0.5큰술

물엿 0.5큰술

참기름 0.5큰술

후춧가루 약간

1 주꾸미는 머리에 칼집을 낸 후 머리를 뒤집어 알은 남겨두고 내장은 제거한다. 밀가루를 뿌려 문질러 빨판을 깨끗이 제거한 후 흐르는 물에 씻어 적당한 크기로 자른다.

2 콩나물은 손질 후 씻고, 깻잎은 씻어서 2등분한다.

3 당근과 양파는 채 썰고, 애호박은 반달 모양으로 썬다.

4 청고추, 홍고추, 대파는 어슷 썬다.

5 1을 양념장과 섞어 재워 둔다.

6 팬에 깻잎을 제외한 채소를 볶다가 5를 넣어 재빨리 볶는다. 마지막으로 깻잎을 넣어 살짝 볶아 마무리한다.

주꾸미튀김

 ··· 주꾸미 300g, 달걀 2개, 녹말가루 · 빵가루 · 소금 · 후춧가루 적당량

1 주꾸미는 머리에 칼집을 낸 후 머리를 뒤집어 알은 남겨두고 내장은 제거한다. 밀가루를 뿌려 문질러 빨판을 깨끗이 제거한 후 흐르는 물에 씻어 적당한 크기로 자른다.

2 1에 소금과 후춧가루를 뿌려 밑간한다.

3 2에 녹말가루를 묻힌다.

4 3에 달걀옷을 입히고 빵가루를 묻혀서 튀겨낸다.

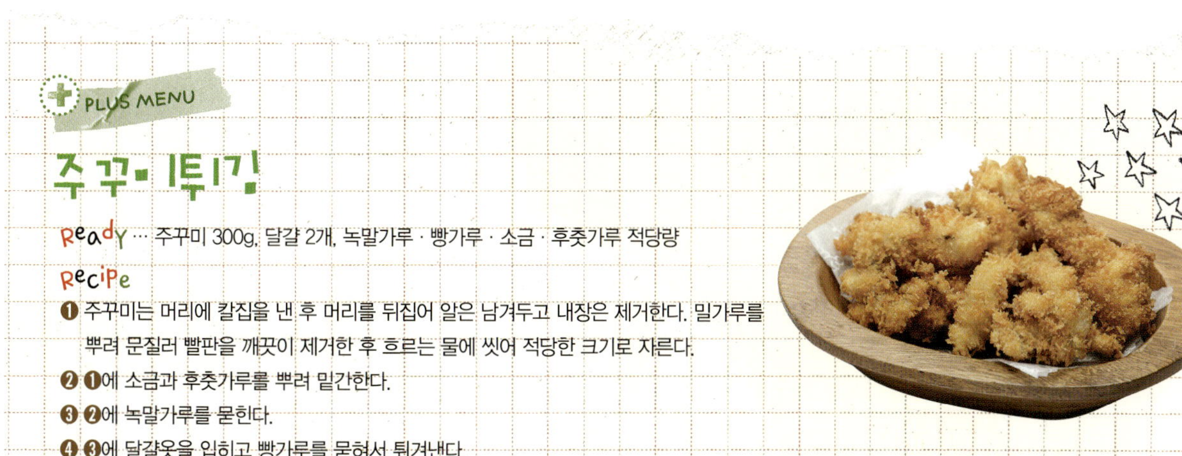

꼬들꼬들한 전복에 아이들이 좋아하는 치즈를 얹어 구워주면 전복을 싫어하는
아이들도 잘 먹어요. 전복은 구입 후 바로 먹는 것이 좋아요. 보관할 때는 살과 내장을 분리해
각각 밀봉하여 냉동실에 넣어 둡니다. 냉장실에 둘 경우에는 하루가 지나기 전에 먹어야 해요.

재료

전복 5마리

모짜렐라치즈 2줌

양파 1/2개

피망 1/2개

당근 1/4개

다진 마늘 0.5큰술

레몬즙 1큰술

버터 1큰술

1 전복은 솔로 문질러 씻은 후 숟가락 끝으로 살을 떼어내고, 내장과 전복살을 분리한다. 전복살은 잘게 썰어서 레몬즙을 뿌려 둔다.

2 전복 껍질은 버리지 말고 깨끗이 씻어 둔다.

3 양파, 피망, 당근은 잘게 다진다.

4 팬에 버터를 두르고 다진 마늘을 볶다가 양파·피망·당근을 넣어 볶고 전복살을 넣어 볶는다.

5 전복 껍질 위에 **4**를 올리고 모짜렐라치즈를 얹어 180℃ 오븐에서 15분 정도 굽는다.

PLUS MENU

전복무침

 ··· 전복 3마리, 양파 1/2개, 부추 1/2줌, 당근 1/4개, 참기름 0.5큰술, 통깨 1큰술 **양념장** 고추장 1큰술, 고춧가루 1큰술, 매실청 1큰술, 설탕 0.5큰술, 식초 1큰술, 다진 마늘 0.5큰술

① 전복은 솔로 문질러 씻은 후 숟가락 끝으로 살을 떼어내고, 내장과 전복살을 분리한다. 전복살은 먹기 좋은 크기로 썬다.

② 양파와 당근은 채 썰고, 부추도 다른 채소 길이에 맞추어 썬다.

③ 양념장을 고루 섞는다.

④ 볼에 **①**, **②**와 양념장을 넣어 무치고 참기름과 통깨를 넣어 버무린다.

멸치는 크기는 작지만 영양 덩어리지요.
멸치의 칼슘은 흡수력이 높아 아이들에게 좋아요.
칼슘뿐 아니라 두뇌 발달에 좋은 DHA도 풍부하지요.
멸치 조림을 할 때 무를 넣으면 멸치와 함께 말캉한 무를 잘도 먹지요.

재료

무 1/5개

멸치 1/2컵

양파 1/3개

대파 1/3대

다시마 육수 1컵

올리브유 · 참기름 약간씩

조림장

간장 3큰술

물엿 1큰술

다진 마늘 0.5큰술

청주 2큰술

1 무와 양파는 네모나게 썰고, 대파는 어슷 썬다.

2 조림장을 섞는다.

3 냄비에 무를 깔고 **2**를 부은 후 멸치를 올리고 다시마 육수를 80% 정도 잠기도록 붓는다.

4 **3**을 센불에서 조리다가 끓어오르면 약불로 조린다.

5 무를 찔러보아 물컹해지면 양파와 대파를 넣어 조림장이 자작해질 정도로 조린다.

6 **5**에 참기름을 넣어 마무리한다.

무나물

 ··· 무 1/5개, 올리브유 1큰술, 다시마 육수 1/4컵, 다진 파 0.5큰술, 다진 마늘 0.5큰술, 설탕 0.5큰술, 소금 · 참기름 약간씩

❶ 무는 채 썬다.

❷ 팬에 올리브유를 두르고 다진 마늘을 넣어 볶다가 ❶을 넣어 볶는다.

❸ ❷에 다시마 육수, 설탕, 소금을 넣어 섞고 뚜껑 닫아 약불에서 5~6분 정도 익힌다.

❹ ❸에 다진 파와 참기름을 넣어 섞어가며 볶는다.

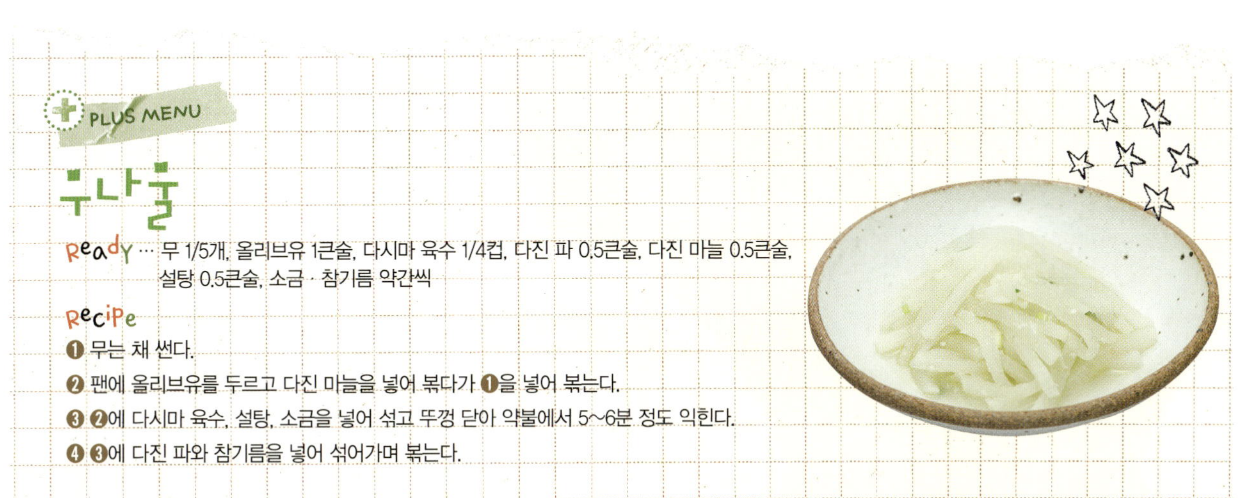

새우두부김치전

콩을 싫어하는 아이들도 의외로 두부는 잘 먹지요.
두부는 식감이 부드러워 먹기 편하고 다양한
요리법에 활용될 수도 있어요. 또한 콩보다 체내
흡수율이 높아 어린아이나 노인들에게 특히 좋아요.

Ready

재료 새우살 100g, 두부 1/2모, 다진 김치
2큰술, 달걀 1개, 녹말가루 적당량

Recipe

1 새우살을 잘게 다진다.

2 김치는 잘게 다져 국물을 짜낸다.

3 두부는 물기를 빼서 으깬다.

4 볼에 **1, 2, 3**을 넣어 달걀 1개를 풀어 섞고, 녹말가루를 조금씩 넣어가며 걸쭉하게
  반죽한다.

5 **4**를 숟가락으로 떠 내어 노릇하게 지진다.

굴채소부침

굴은 날것으로 먹을 때 효과가 가장 커요.
아이들이 날것을 먹기 쉽지 않으므로
조리해서 주는 것이 좋아요.
다만 조리 시간을 단축시켜 영양소
파괴를 최소화하세요.

Ready

재료 굴 200g, 부침가루 1/2컵, 달걀 2개,
다진 양파 · 다진 당근 · 다진 파 약간씩

Recipe

1 굴은 옅은 소금물에 씻은 후 체에 밭쳐 물기를 빼서 부침가루를 묻혀 둔다.

2 달걀물에 다진 채소를 넣어 섞는다.

3 팬에 기름을 두르고 **1**을 **2**에 담갔다가 꺼내 지진다.

새우살오므라이스

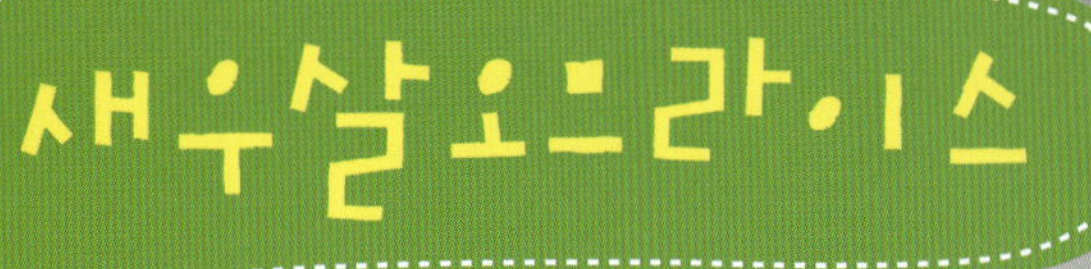

새우살만 따로 구입하여 1회 분량씩 냉동 보관해 두면 급할 때 볶음밥이나 샌드위치, 샐러드 등에 쉽게 사용할 수 있어요. 새우는 살이 탱탱하고 탄력 있는 것으로 골라야 해요.

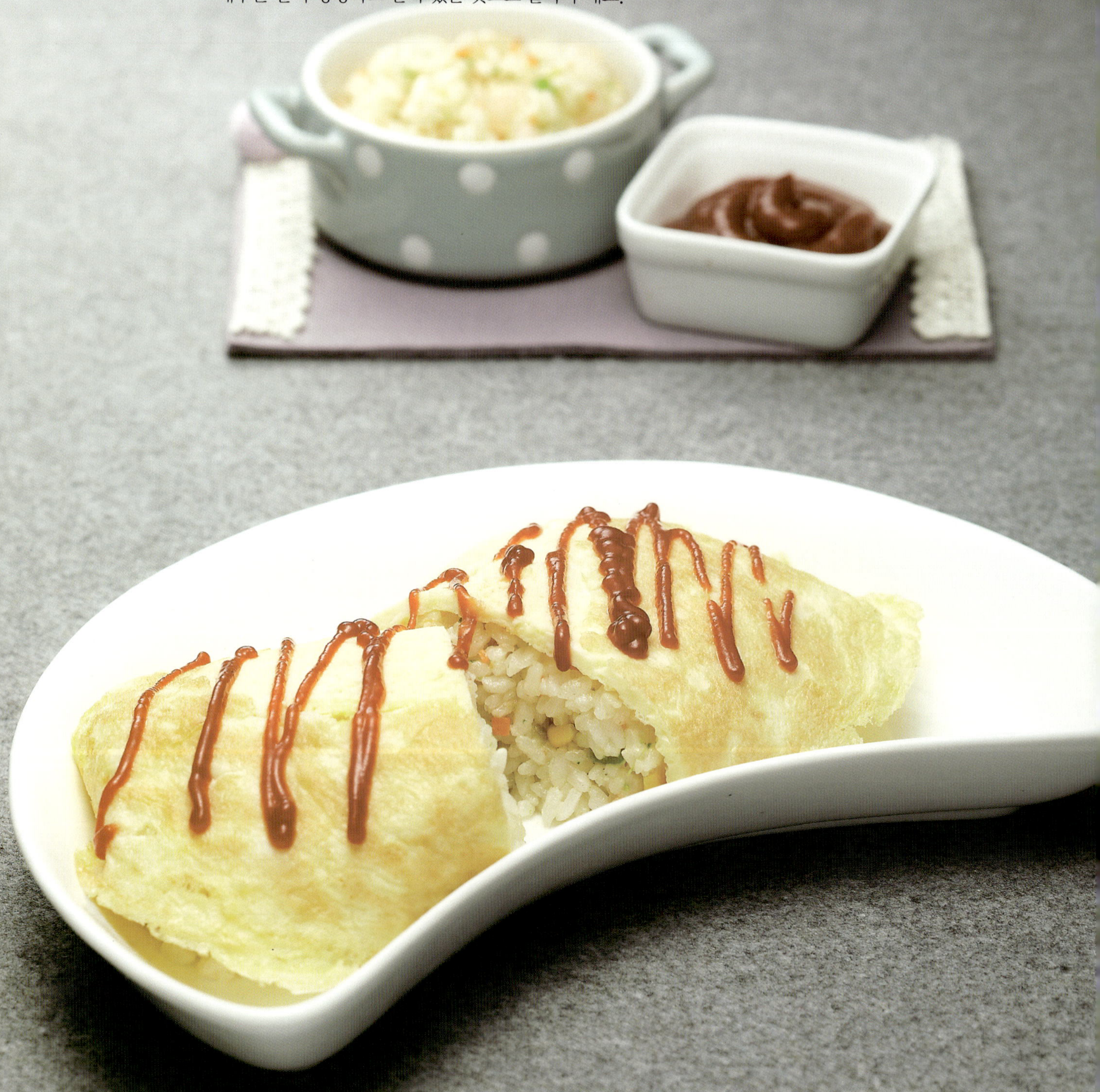

재료

밥 2공기

새우살 1/2줌

다진 당근 1큰술

다진 양파 1큰술

다진 피망 1큰술

삶은 옥수수알 2큰술

달걀 4개

소금 약간

Recipe

1 새우살은 흐르는 물에 씻은 후 잘게 다진다.

2 팬에 오일을 두르고 다진 채소들을 볶고 소금간을 약간 한 후 새우살을 넣어 볶는다.

3 **2**에 삶은 옥수수알과 밥을 넣어 볶는다.

4 달걀은 두 개씩 풀어 넓적하게 부치고, 달걀부침 1장에 볶은밥 반을 넣은 뒤 감싸듯이 접는다.

5 **4**를 접시에 담고 원하는 소스를 뿌린다.

Tip

달걀 지단으로 볶음밥 쉽게 싸기

달걀 지단으로 볶음밥을 쌀 때 더 쉬운 방법이 있어요. 대접에 달걀 지단을 깐 다음 그 위에 볶음밥을 고루게 얹은 후 접시에 대접을 뒤집어서 조심히 놓으면 돼요.

굴우동

아이들은 면요리를 좋아해요. 굴을 넣어 감칠맛 나는 우동을
끓여보세요. 굴은 구입 후 바로 사용하는 것이 좋아요.
사용 후 남으면 소금물에 담가 냉장실에 보관하되
하루이틀 안에 섭취해야 해요.

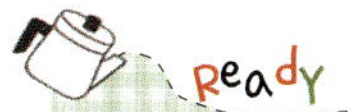

재료

우동면 2개

굴 200g

당근 1/4개

대파 1/2대

김치 1/2줌

쑥갓 1/2줌

멸치다시마 육수 5컵

다진 마늘 0.5큰술

청주 2큰술

참치액 1큰술

국간장 · 소금 · 후춧가루 약간씩

1 굴은 옅은 소금물에 씻은 후 체에 밭쳐 물기를 뺀다.

2 당근은 채 썰고, 대파는 잘게 썰고, 쑥갓은 적당한 길이로 자른다.

3 김치는 속을 어느 정도 털어내고 송송 썰어 둔다.

4 냄비에 멸치다시마 육수를 부어 김치를 넣어 끓이다가 굴을 넣어 끓인다.

5 우동면은 삶아내 체에 건져 둔다.

6 **4**에 당근, 다진 마늘, 청주, 참치액을 넣어 끓이다가 우동면을 넣는다.

7 **6**에 대파와 쑥갓을 넣어 끓이고 국간장, 소금, 후춧가루로 간을 한다.

굴 요리를 할 때,

굴은 오래 가열하면 살이 단단해지고 맛도 떨어져요. 살짝 익혀 먹는 게 좋으므로 모든 재료를 준비한 다음 맨 나중에 넣어 재빨리 익혀야 해요.

꼬막찜

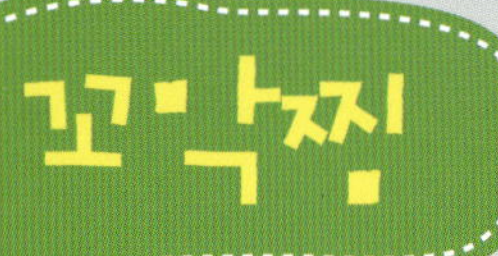

꼬막은 풍부한 영양소가 함유되어 있는 겨울철 보양 식품이에요.
꼬막에 들어 있는 양질의 단백질은 아이들 성장 발육에 좋고,
베타인 성분은 혈관의 지방질과 노폐물을 체외로 내보내는 데 도움을 주어요.
쫄깃한 꼬막은 아이들도 잘 먹는답니다.

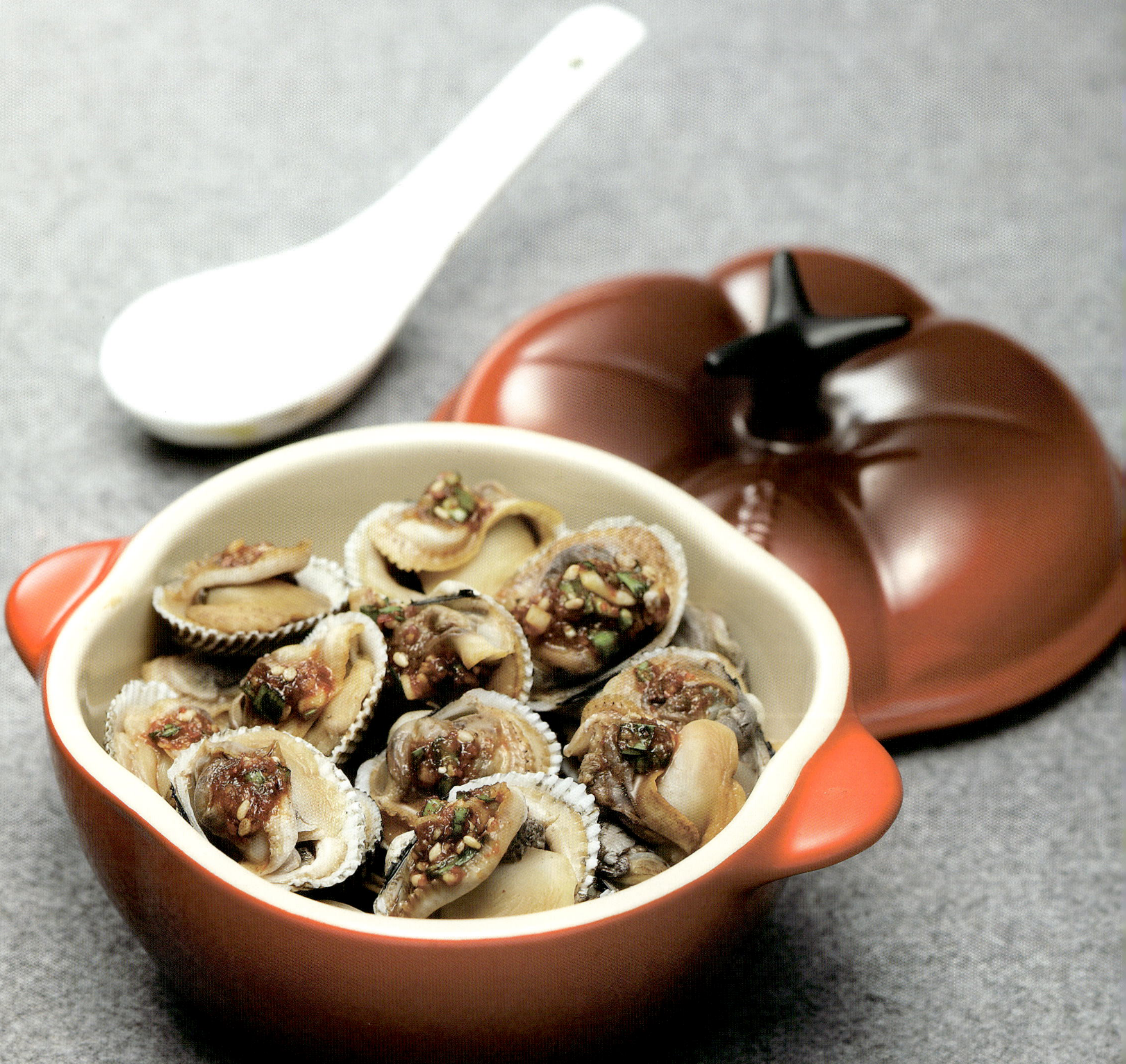

재료

꼬막 1kg

양념장

간장 2큰술

고춧가루 1큰술

설탕 0.3큰술

청주 1큰술

다진 마늘 0.5큰술

다진 파 1큰술

다진 부추 1큰술

참기름 0.5큰술

통깨 0.5큰술

1 꼬막은 해감한 후 비벼가며 씻어 끓는 물에서 입이 벌어지게 삶아 준다.

2 양념장은 모두 섞어 둔다.

3 **1**의 한쪽 껍데기를 떼내어 접시에 담은 후 양념장을 얹는다.

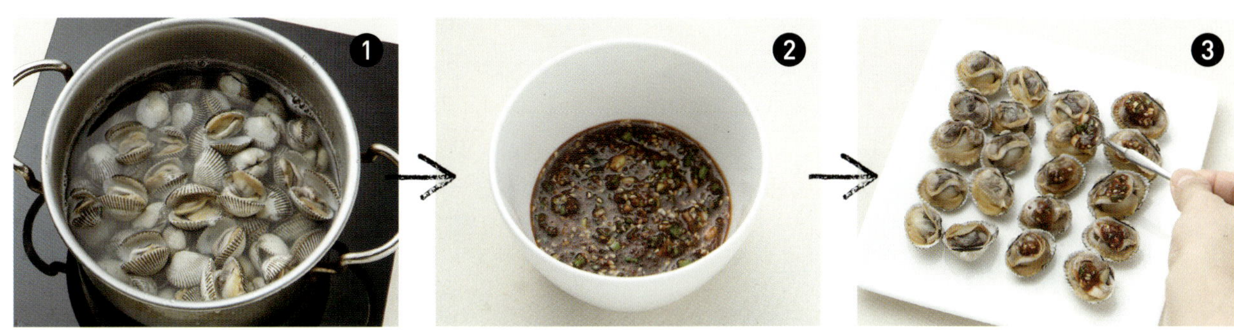

PLUS MENU

꼬막전

Ready … 꼬막살 200g, 부침가루 1/2컵, 달걀 2개, 다진 양파 · 다진 당근 · 다진 파 약간씩

Recipe

❶ 꼬막은 해감한 후 비벼가며 씻어 끓는 물에서 입이 벌어지게 삶아 껍질을 깐다.

❷ 달걀물에 다진 채소를 넣어 섞는다.

❸ 팬에 기름을 두르고 ❶을 ❷에 담갔다가 꺼내어 지진다.

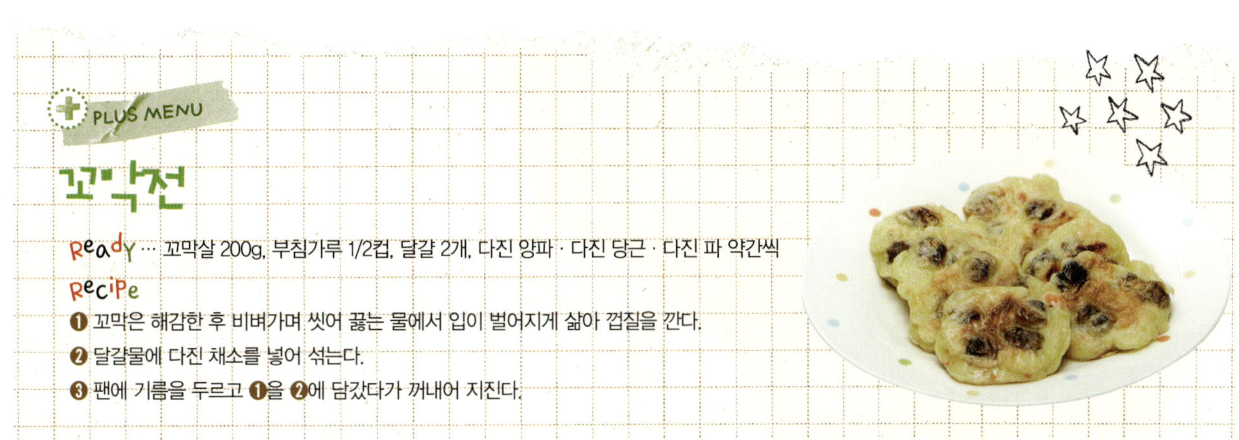

브로콜리는 대표적인 면역력 증강 식품이에요. 우리 몸의
면역력을 높이는 항산화 물질과 비타민 C가 많이 들어 있어요.
브로콜리를 넣어 부드럽고 고소한 크림 파스타를 만들어 주면 맛있게 잘 먹지요.

재료

스파게티면 1/2줌

브로콜리 1/3송이

생크림 1.5컵

양송이버섯 6개

양파 1/2개

베이컨 4줄

달걀 노른자 2개

다진 마늘 0.5큰술

소금 · 후춧가루 약간씩

Recipe

1 스파게티면은 끓는 물에 기름 · 소금을 약간씩 넣어 10분 정도 삶아낸다.

2 양송이버섯은 모양을 살려 썰고 베이컨도 먹기 좋은 크기로 자른다.

3 브로콜리는 작은 송이를 잘라 끓는 물에 소금 약간 넣어 데치고 양파는 채 썬다.

4 팬에 버터를 두르고 다진 마늘을 볶다가 양파를 넣어 볶고 베이컨을 넣어 볶는다.

5 **4**에 생크림을 넣고 양송이버섯과 브로콜리를 넣어 끓인다.

6 **5**에 달걀 노른자를 풀어 섞고 소금과 후춧가루로 간을 한다.

7 삶아낸 스파게티면에 **6**을 붓는다.

PLUS MENU

브로콜리버섯볶음

Ready … 브로콜리 1/2송이, 느타리버섯 1/2줌, 양파 1/2개, 당근 1/4개, 팽이버섯 1/2줌, 표고버섯 1개, 올리브유 1큰술, 굴소스 1큰술, 소금 · 참기름 약간씩

Recipe

1 브로콜리는 작은 송이를 잘라 끓는 물에 소금 약간 넣어 데친다.

2 느타리버섯은 찢어서 준비하고 양파, 당근은 채 썬다.

3 팬에 올리브유를 두르고 당근을 볶다가 버섯과 양파를 넣어 볶는다.

4 **3**에 브로콜리를 넣고 살짝 볶다가 굴소스를 넣어 볶는다.

5 **4**에 모자란 간은 소금으로 하고, 참기름을 살짝 넣어 한 번 더 볶아준다.

유자청제육볶음

제육볶음에 유자청을 넣으면 향기도 좋고
고기를 부드럽게 해주어 더 맛있어요.

Ready

재료 돼지고기 300g, 양배추 1/4통, 깻잎 10장, 양파 1/2개, 당근 1/4개, 대파 1/2대
양념장 유자청 1큰술, 고추장 1큰술, 고춧가루 0.5큰술, 간장 1큰술, 청주 1큰술, 참기름 1큰술, 다진 마늘 1큰술, 후춧가루 약간
돼지고기 밑간 청주 1큰술, 소금·후춧가루 약간씩

Recipe

1 돼지고기는 먹기 좋게 썰어 밑간을 해두었다가 양념장을 넣어 재워 둔다.

2 양배추, 양파, 당근, 깻잎 모두 채 썰고 대파는 어슷 썬다.

3 팬에 오일을 두르고 **1**을 넣어 볶다가 **2**를 넣어 재빨리 볶아낸다.

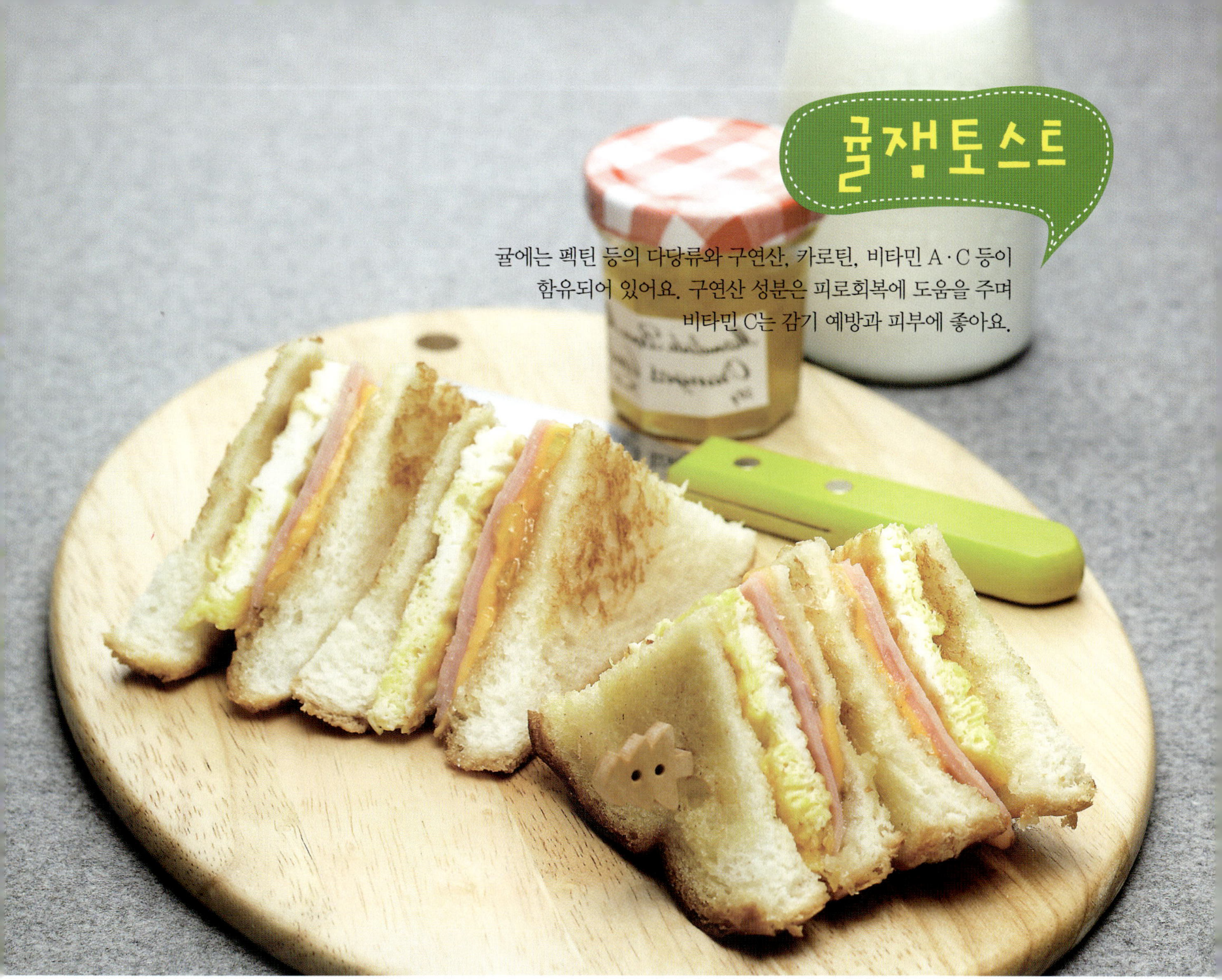

굴에는 펙틴 등의 다당류와 구연산, 카로틴, 비타민 A·C 등이
함유되어 있어요. 구연산 성분은 피로회복에 도움을 주며
비타민 C는 감기 예방과 피부에 좋아요.

Ready

재료 식빵 4장, 슬라이스치즈 2장, 슬라이
스햄 2장, 달걀 2개, 귤잼·버터 적당량

Recipe

1 식빵에 버터를 발라 앞뒤로 노릇하게 굽는다.

2 슬라이스햄은 살짝 익히고, 달걀을 풀어 네모나게 2장 부친다.

3 식빵 한 면에 귤잼을 바르고 치즈, 햄, 달걀을 얹고 다시 식빵으로 덮는다.

4 **3**을 먹기 좋게 자른다.

호두강정

호두는 그 생김새가 사람의 뇌와 비슷하다 하여 옛 중국에서는
과거시험을 보러 가기 전에 꼭 먹었다고 해요. 실제로 호두에는
단백질, 비타민, 불포화 지방산 등이 들어 있어 기억력 향상에 좋고,
비타민 E가 들어 있어 체내의 유해 물질인 활성산소를
억제하여 두뇌 발달을 촉진시켜 주지요.

재료

호두 150g

검은깨 1큰술

설탕 1.5큰술

물엿 3큰술

물 3큰술

1 호두를 잘게 다져 검은깨와 함께 마른 팬에 볶아 둔다.

2 팬에 설탕, 물엿, 물을 넣어 바글바글 끓으면 **1**을 넣어 볶는다.

3 식용유를 두른 도마에 **2**를 얹고 밀대로 밀어 적당한 크기로 썬다.

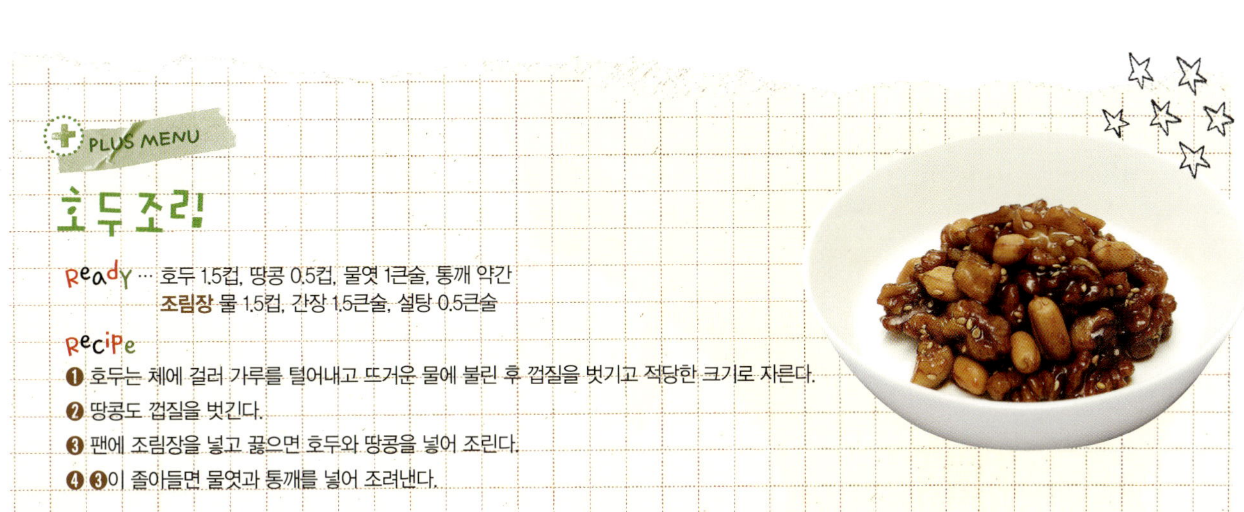

PLUS MENU

호두조림

Ready … 호두 1.5컵, 땅콩 0.5컵, 물엿 1큰술, 통깨 약간
조림장 물 1.5컵, 간장 1.5큰술, 설탕 0.5큰술

Recipe

① 호두는 체에 걸러 가루를 털어내고 뜨거운 물에 불린 후 껍질을 벗기고 적당한 크기로 자른다.

② 땅콩도 껍질을 벗긴다.

③ 팬에 조림장을 넣고 끓으면 호두와 땅콩을 넣어 조린다.

④ ③이 졸아들면 물엿과 통깨를 넣어 조려낸다.

매생이호떡

매생이에 함유된 비타민 A는 기름과 같이 먹으면 흡수율이 좋아진답니다.
매생이를 넣어 호떡을 만들어 보세요. 향긋하고 구수한 맛에 아이들이
반할 거예요. 매생이 대신 시금치, 브로콜리 등 아이들이
싫어하는 채소도 호떡에 넣어 만들어 보세요. 잘 먹는답니다.

재료

매생이 1줌

중력분 2컵

찹쌀가루 1컵

소금 0.5큰술

드라이이스트 0.5큰술

우유 1컵 반

소

흑설탕 5큰술

계피가루 0.5큰술

호두·검은깨·아몬드·땅콩 약간씩

1 우유는 따뜻하게 데워 우유 1컵 정도의 양에 드라이이스트 0.5큰술을 넣어 둔다.

2 중력분, 찹쌀가루, 소금은 체에 쳐 볼에 담는다.

3 **2**에 **1**을 붓고 나머지 우유를 부어가며 반죽한다.

4 찬물에 매생이를 넣고 흔들어가며 서너 번 깨끗이 씻어 체에 받쳐 물기를 뺀다.

5 **3**에 **4**를 넣어 반죽을 완성한다.

6 **5**를 볼에 담아 랩을 씌워서 아래에 뜨거운 물을 담은 볼 위에 얹어 1~2시간 정도 발효시킨다.

7 흑설탕과 계피가루를 섞고 견과류를 다져서 함께 섞어 소를 만든다.

8 손에 기름을 묻히고 발효된 반죽을 떼어내 소를 넣은 후 기름 두른 팬에 둥글 납작하게 지진다.

매생이채소전

 ··· 매생이 1줌, 양파 1/3개, 당근 1/5개, 달걀 1개, 부침가루 1컵, 물·소금 적당량

❶ 찬물에 매생이를 넣고 흔들어가며 서너 번 깨끗이 씻어 체에 받쳐 물기를 뺀다.

❷ 양파와 당근은 잘게 썬다.

❸ 볼에 부침가루, 달걀, 물을 넣어 반죽한 후 ❶, ❷를 넣어 섞고 소금 간을 한다.

❹ 팬에 기름을 두르고 ❸을 떠 넣어 앞뒤로 노릇하게 지진다.

식이섬유가 높은 다시마를 넣어 만든 쿠키예요.
다시마가루뿐 아니라 새우가루, 깨가루 등
다양한 가루를 활용해 쿠키를 만들어 보세요.

재료

다시마 가루 10g

박력분 200g

버터 90g

달걀 1개

설탕 60g

소금 2g

1 볼에 버터를 넣고 거품기를 사용하여 부드럽게 풀어준다.

2 **1**에 설탕과 소금을 넣어 크림 상태로 만든다.

3 **2**에 달걀을 넣어 좀 더 부드러운 크림 상태로 만든다.

4 박력분과 다시마 가루를 섞어 체에 친다.

5 **3**에 **4**를 넣어 나무 주걱으로 가볍게 섞는다.

6 **5**를 비닐에 담아 냉장실에서 30분 정도 휴지시킨 뒤 밀대로 밀어 원하는 모양 틀에 찍어낸다.

7 예열된 170℃ 오븐에서 12~15분 정도 구워낸다.

다시마는요,

바다의 채소라 불리는 다시마는 다른 해조류에 비해 식이섬유가 월등히 높지요. 다시마를 섭취하면 장운동이 활발해져 변비를 예방합니다. 다시마에는 요오드가 많은데요, 요오드는 신진대사를 돕고 아이들 뇌 발달에 도움을 준답니다.

K1신서 3976

예성맘의 오가닉 밥상

1판 1쇄 인쇄 2012년 9월 25일
1판 1쇄 발행 2012년 10월 4일

지은이 김은주
펴낸이 김영곤 **펴낸곳** (주)북이십일 21세기북스
부사장 임병주
MC기획1실장 김성수 **BC기획팀** 심지혜 장보라 양으녕
출판개발실장 주명석 **편집1팀장** 박상문 **기획진행** 북케어(www.bookcare.net)
사진 Studio TEAM 전재천 **스타일리스트** 조지혜
마케팅영업본부장 최창규 **마케팅** 김현섭 강서영 **영업** 이경희 정병철
출판등록 2000년 5월 6일 제10-1965호
주소 (우 413-756) 경기도 파주시 문발동 회동길 201
대표전화 031-955-2100 **팩스** 031-955-2151 **이메일** book21@book21.co.kr
홈페이지 www.book21.com **트위터** @21cbook **블로그** b.book21.com

© 김은주, 2012
ISBN 978-89-509-3732-4 13590
책값은 뒤표지에 있습니다.

이 책 내용의 일부 또는 전부를 재사용하려면 반드시 (주)북이십일의 동의를 얻어야 합니다.
잘못 만들어진 책은 구입하신 서점에서 교환해 드립니다.